懶人料理365變

燉飯+煲湯+熱炒+滷味+焗烤+輕食+點心

一次ok!

2. 蘭姆的任性美食

暢銷紀念版

懶人料理365變

陳師蘭◎著
林許文二◎攝影

燉飯+煲湯+熱炒+滷味
焗烤+輕食+點心
一次OK！

跟著蘭姆簡單、任性玩料理！

蘭姆的任性美食法則

「一定要自己下廚！自己煮的才最健康、最省錢啊！」
「每天都要吃到五色蔬果、五色蔬果、五色蔬果………」

不要再大聲疾呼了！這種事全世界都已經知道，問題就是做不到啊！下了班接完小孩就已經很晚了，哪來的時間買菜淘米洗切炒炸呢？好吧！如果你覺得四季豆一定要切5公分長，馬鈴薯一定要切1公分見方，胡蘿蔔一定要是2公釐厚片，調味料一定要5公克，醬油一定要10cc……那你現在就可以到巷口買便當了。

蘭姆最討厭囉嗦的事，這點從家裡的電風扇全都是用腳趾控制的就可以看出。身為雙魚座卻一點都不浪漫的蘭姆，做人處事的最大原則就是——直接！簡單！乾脆！所以在蘭姆的腦袋裡，料理的原則也是一樣，如果用煎鏟和舌頭就可以知道的事，幹嘛一定要拿量杯來折磨自己？如果吃起來一樣美味，為何一定要堅持某種食材只能這樣配那樣煮？如果冰箱裡已經有菜了，又何必為了某種食材特地出門？

為了讓大部分有心下廚卻又不知如何踏出第一步的人都能玩得很開心，隨性又有原則的蘭姆特別精選出50道成功的美味任性料理，同時貼心地分享它們的365種變化形，讓你1道菜可以拿來當做5道菜。當然囉！蘭姆也相信，現在正在看這本食譜的你，一定可以在這個基礎上變出更多花樣和滋味……讓我們一起用心、任性、玩料理吧！

365種變化，料理任你玩耍

覺得料理少了點變化？還是希望來點變化卻又想偷懶？偷懶之餘又期待那道菜看起來很誘人、很美味？這樣的心聲《懶人料理365變》聽到了，反正大家就是任性，魚與熊掌都要就對了！沒問題，這本書就是要教你怎樣任性料理，能一個動作完成就不會多動一根手指，不管是法式、日式、義式、泰式還是古早味任君挑選，絕不讓你在歡呼收割之前就先棄械投降了！

不過，方便可不等於隨便，《懶人料理365變》在食材的選擇上不僅要求好買、便宜，還要很健康，一餐就吃到一天的營養不是痴人說夢，一道菜顏色可以囊括紅、黃、白、綠、黑，部位從根莖、葉菜、果實一口通吃，澱粉、蛋白質、維生素也是缺一不可……反正該想到的我們都先幫你想好了，所以縮短的不只是烹飪的時間，還要讓你省下為了健康斤斤計較的每一分鐘，延長的只會是享受可口佳餚的那段美味時光。

今天想吃粗飽的米飯、明天想吃輕巧的蔬菜、後天想來個下午茶聚會、大後天想準備一桌什麼都有的大餐？這種善變愛玩的心情《懶人料理365變》都懂，所以從主食、輕食、配菜到甜點，都分門別類地收進食譜了，想吃什麼自由選擇。有時候料理就是有點意外，冰箱就只有這幾種菜的時候怎麼做？就是不喜歡吃這種菜或這種味道又該怎麼辦？沒關係！我們每道菜都有無數變化，酸辣的、清爽的、還是香濃的，風味可以任意調配，內容可以就地取材，一共365種變化任你玩耍，要玩出更多變化也沒問題，就等你來挑戰！

食材
需要準備的材料和調味料，幾人份也清楚地標示出來。

吃法變化
這道食譜有幾種不同的變化，看這裡就一目瞭然。

重點圖
料理重點特別呈現，最值得注意的步驟大公開！

食材圖
食材的圖片提供參考，讓你不怕買錯東西。

做法解說
詳細的做法解說，跟著1、2、3的步驟做，絕對不會出錯！

吃法×2

什錦五目煮

▶材料（5~6人份）

❶蓮藕（約拳頭大）2節、牛蒡1根、蒟蒻（約½塊豆腐大小）1塊
乾香菇8朵、海帶結1大把、胡蘿蔔1小支、油豆腐6~8塊、香菜1把

❷白蘿蔔泥½碗

▶調味料

糖1小匙、味醂1小匙、黑醋1小匙
香菇醬油1碗、蔬果調味料1大匙
米酒1小匙（可不加）

▶做法

1 牛蒡去皮切斜片，蓮藕去皮切片，兩者都泡入白醋水（醋：水=1：1）中備用。

2 香菇洗淨泡軟；胡蘿蔔去皮切小滾刀塊；蒟蒻洗淨，中間用刀子劃開，兩端不劃斷，再翻成辮子狀（圖1、2、3）；香菜洗淨不切，維持整把下鍋。

3 材料❶放入大鍋中，加水淹過料，下所有調味料拌勻，可邊放邊嚐，調成個人喜好的鹹淡。

4 開火煮滾之後改小火燉1小時，等到湯汁變得濃稠時放入白蘿蔔泥，稍微燜煮一下即可熄火，再燜個幾分鐘後就有一道好菜了。

變化ABC

a 可以自己再放其他材料，自由變化，這道菜可吃好幾天，不過煮愈多次會愈鹹，不妨在煮滾後稍加勾芡，淋在飯上或配地瓜稀飯，都非常開胃！

b 白蘿蔔泥也可以改為白蘿蔔塊，和所有食材同時下鍋燉煮，再加上一些素丸或素天婦羅，就會很像關東煮。

撇步123

● 用陶鍋來煮這道菜，會更容易入味喔！

● 這道菜除了油豆腐外並無其他油脂（要更低脂可不放油豆腐），而且纖維質很豐富，能讓人有飽足感，清爽、營養美味又瘦身！

084 | 085

變化做法
不同的變化有不同的做法，這裡教你怎麼做變化、玩料理！

步驟圖
清楚的步驟圖，搭配做法解說讓做菜事半功倍。

獨家撇步
作者完全不藏私的獨家撇步，掌握小祕訣，料理零失敗。

完成圖
美味的料理輕鬆上桌囉！

本書度量單位
1碗=1杯=250cc

1米杯=160cc

1大匙=3小匙=15cc

CONTENTS

就是想偷懶！
可是又想健康，又想美味，
又想愛現一下廚藝怎麼辦？
那就跟著蘭姆隨順心情，
簡單步驟搞定一桌好菜吧！

94 Part4 樂活點心

點心！點心！大家都喜歡點心！
可不可以不要打發奶油費力揉麵調整溫度，
就輕鬆享受好看又好吃的點心？
學會這幾招你也可以偽裝成點心大師！

吃飯一定要白飯配菜？

一次吃到5色蔬果是不可能的任務？

亂講！

蘭姆偏偏就要把全部的東西放在一起煮，

還要它很美味、很簡單，

最好是一個動作就能完成的那種……

每日5蔬果，每種顏色至少半碗是基本。

哪5色？紅、黃（橘）、白、綠、黑（紫／藍）。

採買開始就要5種顏色的蔬果都買到。

5色蔬果挑選要花心，豆類、根莖、葉菜、海菜、果實、菇類多樣挑。

要切丁就全切丁、要切絲就全切絲。

懶人電鍋咖哩飯

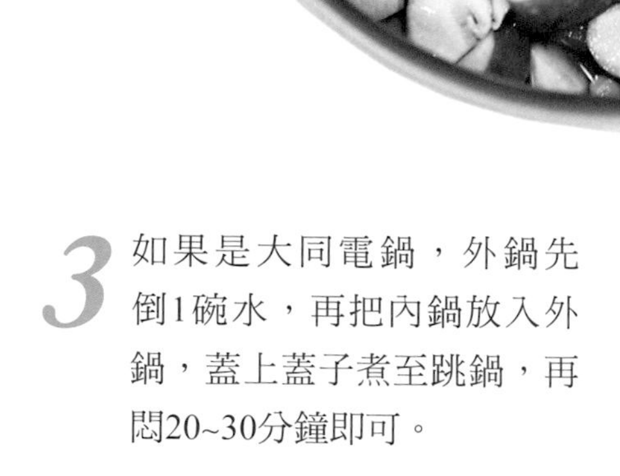

▶材料（4~6人份）

❶五穀米1碗、白米或糙米1碗

❷三色豆1碗、杏鮑菇丁$^{1}/_{2}$碗、香菇丁$^{1}/_{2}$碗、素火腿丁$^{1}/_{2}$碗

▶調味料

醬油膏1大匙、辣椒粉（適量或不加）

素咖哩塊1小塊（約姆指大小）

▶做法

1 五穀米和白米混合後淘洗乾淨，倒入電鍋內鍋，加2碗水，再將材料❷、醬油膏、辣椒粉和素咖哩塊一起倒入內鍋，用飯匙攪拌均勻。

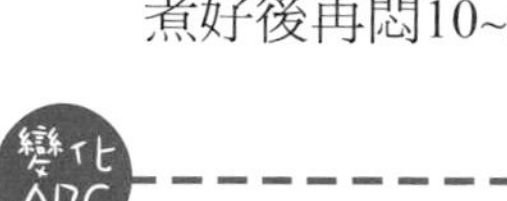

2 如果是電子鍋，直接把內鍋放入電鍋中，按下煮飯鍵，煮好後再悶10~20分鐘。

3 如果是大同電鍋，外鍋先倒1碗水，再把內鍋放入外鍋，蓋上蓋子煮至跳鍋，再悶20~30分鐘即可。

變化ABC

a 咖哩塊可以改為昆布醬油$^{1}/_{3}$碗、味醂1匙和蔬果調味料1匙，就成了日式風味的**五目炊飯**。

b 蔬菜可以變化為當季蔬果，如蘆筍、荸薺、鮮香菇、各種綠色葉菜……亦可加一些豆干丁或蒟蒻丁增加口感，做成**時蔬咖哩飯**。

c 咖哩塊換成1大匙味噌做成**味噌燉飯**、用1大匙番茄醬和$^{1}/_{2}$顆番茄丁做**茄汁燉飯**、用1大匙薑黃粉和1匙義式綜合香料料理成**西班牙燉飯**，都很美味。

d 不放咖哩塊，改多加入蘑菇、香菇和腰果等各種蔬菜堅果，再加1匙印度綜合香料（Garam Masala），就變成**印度蔬菜燉飯**（Biyani）。

好吃123

● 如果沒有量杯量水可把食指伸入內鍋直立在米的表面上，若水剛好到達食指的第一指節，那就表示水量適當，至於外鍋一般都是倒1碗水。

● 為讓咖哩分佈均勻，當看到飯鍋開始冒出蒸氣時，可以先打開鍋蓋拌一次咖哩飯，讓融化的咖哩塊能遍佈每一粒飯。

黑胡椒菇菇蓋飯

▶材料（4~6人份）

❶五穀米3碗

❷鮮香菇6朵、胡蘿蔔1小支、大顆馬鈴薯1顆
美白菇1盒、杏鮑菇1支、紅椒$^{1}/_{4}$顆
黃椒$^{1}/_{4}$顆、青椒$^{1}/_{2}$顆、薑絲1小撮

▶調味料

粗黑胡椒粒1匙、醬油膏1 $^{1}/_{2}$煎鏟、蔬果調味料3小匙、辣椒粉（適量或不加）

▶做法

1 五穀米煮熟備用。

2 美白菇洗淨剝碎〔圖1〕；三色椒、香菇、杏鮑菇洗淨切細絲；胡蘿蔔和馬鈴薯去皮切絲。

3 鍋中入油1匙燒熱，下薑絲爆香，再下胡蘿蔔和馬鈴薯絲拌炒至略呈透明。

4 下香菇、美白菇和杏鮑菇快炒後，放入所有調味料炒匀，最後下三色彩椒絲以中火炒至湯汁呈稠狀，即可熄火備用〔圖2〕。

5 將熱騰騰的五穀飯鋪在大碗公中，把剛炒好的菇菇燴醬淋在飯上，趁熱享用。

1

2

a 若想更濃稠，可以在調味料中加一點點**寒天粉**；有吃蔥蒜者加些**洋蔥絲**增添風味；想**吃辣**一點，黑胡椒粒可再加$^{1}/_{2}$~1湯匙，怕辣的人可減少黑胡椒粒的量。

b 怕油煙的人，可以先混合所有蔬菜，再倒入所有調味料拌勻，混勻後一起放到大同**電鍋**裡，外鍋倒$^{1}/_{2}$米杯的水，按下開關蒸煮至開關跳起來，再悶個1分鐘左右，就成簡易蓋飯燴料了。

c 把黑胡椒粒改為咖哩粉或味噌粉，就是**咖哩**或**味噌菇菇蓋飯**。

碎茄子烤飯

▶材料（1~2人份）

❶茄子1條、番茄1顆、杏鮑菇$^{1}/_{2}$支

❷薑末1小匙、辣椒末1小匙、九層塔1把

❸五穀飯1碗、披薩起司條1把

▶調味料

香菇醬油1大匙、蔬果調味料1匙

鹽1小撮、黑胡椒1小撮

▶做法

1 材料❶全洗淨切丁備用〔圖1〕，九層塔洗淨切碎。

1

2 鍋中入油1匙，下薑末與辣椒末爆香後，下切丁材料❶拌炒，然後放入所有調味料炒勻〔圖2〕。

2

3 倒入五穀飯拌勻〔圖3〕，最後丟入九層塔碎末。

3

4 炒好的茄子飯鋪在烤盤中，先撒上少許黑胡椒粉、鋪上起司條，最後再放到烤箱裡烤到起司呈金黃色，即可取出享用。

變化ABC

a **不想開火炒料**，可以把材料❶、❷與調味料混合拌勻，送入大同電鍋，外鍋放$^{1}/_{3}$米杯的水，蒸好取出後和米飯混勻再入烤箱，但口感偏軟潤。

b 有吃蔥蒜者可以加$^{1}/_{4}$顆**洋蔥末**，和薑末與辣椒末一起下鍋爆香即可。

c 也可加入**素肉末**或**素火腿**等素料一起炒，更添風味。

d 再加一些三色豆或其他蔬果如馬鈴薯、山藥、四季豆等，就變成**五色蔬果烤飯**，營養更加分。

嫩豆包蓋飯

▶材料（1~2人份）

五穀飯1碗、三色豆2湯匙、木耳丁1大匙、香菇丁1大匙
素火腿丁1大匙、芹菜末1匙、蘆筍1~2支、豆包1片
海苔絲少許、薑末少許

▶調味料

白芝麻少許、醬油膏1小匙、黑胡椒粉1小匙
蔬果調味料1小匙、黑胡椒鹽少許

▶做法

1. 蘆筍洗淨切小段備用。
2. 炒鍋小火燒熱，下少許鹽炒，續加1大匙油，下薑末、素火腿丁和香菇丁拌炒，再下三色豆〔圖1〕、木耳丁及蘆筍，中火炒勻。
3. 下醬油膏、黑胡椒粉及蔬果調味料拌炒至香味溢出，倒入飯和芹菜末，快炒至米飯鬆散發亮後，可先熄火盛盤備用〔圖2〕。
4. 炒鍋中入少許油，下豆包小火煎至兩面金黃〔圖3〕，撒少許黑胡椒鹽即可熄火，將豆包蓋在炒飯上，放上海苔絲和白芝麻趁熱享用。

1

2

3

a 懶得炒飯可用現成的**炒飯調理包**代替。
b 豆包可以變化為各種素排，即成**酥排蓋飯**。
c 將豆包攤開來煎，將炒好的飯鋪在豆包中間，再把豆包對折起來，即成**豆包蛋包飯**。

南瓜豌豆粥

▶材料（2~3人份）

南瓜1/4顆、豌豆2大匙、番茄丁1顆、洋菇片5朵
五穀米1碗、葡萄乾1小撮

▶調味料

蔬菜高湯粉1匙、黑胡椒少許、鹽少許

▶做法

1 南瓜去籽後〔圖1〕切成一口大小的塊狀。

2 將米洗好倒入內鍋，再將南瓜塊、豌豆、番茄丁、洋菇片和所有調味料倒入，加水8碗混合均勻〔圖2〕。

3 將內鍋放入大同電鍋，外鍋加米杯刻度8的水量，按下開關煮至開關跳起，開蓋略攪拌後再悶個10分鐘左右，即可撒上葡萄乾盛盤享用，如果覺得還不夠濃稠熟軟，可以在外鍋再加少許水續煮一次。

4 如果用的是電子鍋，就直接煮至開關跳起即可。

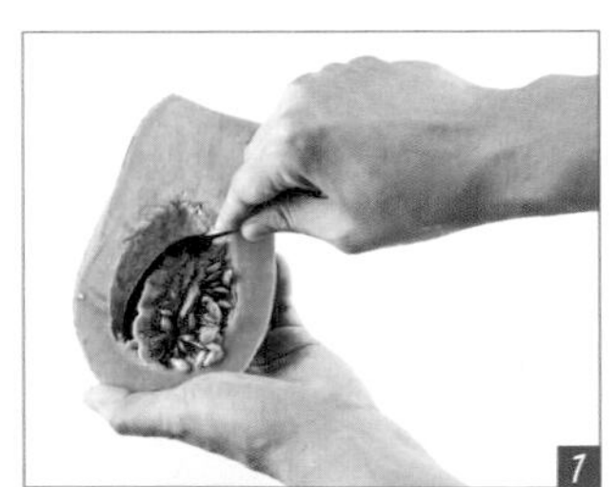

a 不喜歡粥的人，可以改為**南瓜什蔬飯**，只要將米和水改為1碗，以煮飯的方式下鍋煮即可。

b 還可以改為炒飯哦！先準備好熟米飯，炒鍋中入1匙油燒熱，下薑絲略炒後，下所有蔬菜拌炒，加入調味料和少許水拌勻後，用小火稍滾至南瓜熟軟並收汁，再倒入熟米飯炒鬆拌勻，即成營養的**南瓜炒飯**。

c 口味較重的朋友可以加1大匙的**味噌**一起煮，更美味也更營養。

d 有吃洋蔥者可放1/4顆**洋蔥丁**，亦可加些自己喜歡的素料如**素火腿**、**豆干丁**或**素培根丁**等增添風味。

e 把變化a煮好的南瓜飯放入焗烤盤中，上頭撒一些披薩起司絲，送入烤箱烤至起司呈金黃色，即是一道可宴客的**南瓜焗飯**。

八寶炸醬麵

▶材料（3~4人份）

❶乾香菇6~8朵、素肉末1碗、胡蘿蔔1小支、玉米粒1/2碗、毛豆1/2碗、豆干丁6片、薑3~4片、辣椒丁1~2支

❷刀削麵3把

❸胡蘿蔔絲1/3支、玉米筍絲6支、豆芽菜1把、小黃瓜絲1/2支、海苔碎片1小把

▶調味料

甜麵醬1碗（約200克）、香菇醬油1/2碗、冰糖1大匙、胡椒少許、酒1小匙（可不加）

▶做法

1 乾香菇洗淨泡軟切丁，素肉末洗淨泡軟擠乾，胡蘿蔔洗淨去皮切丁。

2 炒鍋中入油3大匙，中火燒熱後下薑片、辣椒丁爆香，續下胡蘿蔔丁、香菇丁和素肉末炒勻，待胡蘿蔔略呈透明即可起鍋備用〔圖1〕。

3 混勻所有調味料，倒入做法2的鍋中，用剩餘的油小火炒至香味溢出〔圖2〕。下做法2、玉米粒、毛豆、豆干丁，轉中火炒勻，續燒至湯汁濃稠後起鍋〔圖3〕。

4 胡蘿蔔絲、玉米筍絲和豆芽菜一起放入滾水稍燙過，然後起鍋瀝乾。

5 湯鍋中入水八分滿，煮滾後下麵條，過水兩次後，待麵條呈透明熟軟，便可撈起瀝乾放入大碗中〔圖4〕。將胡蘿蔔絲、玉米筍絲、小黃瓜絲，豆芽菜和海苔碎片排在麵上，中間再鋪上八寶炸醬，即可趁熱享用。

a 八寶炸醬可以當素燥放在**白飯**或**燙青菜**上，也能直接作**炒飯**的料，或拌在**螺旋麵**或**貝殼麵**裡變成西式餐點。不妨一次做一鍋，分裝後冷凍起來慢慢使用。

b 材料❶的胡蘿蔔、玉米粒、毛豆和豆干丁改成醬瓜碎粒1大碗，甜麵醬改為香椿醬2大匙，就能做出**瓜仔素燥**。

c 做好的八寶炸醬瀝乾水分，再拌入一些泡軟瀝乾切碎的冬粉，就變成**包子**或**水餃**餡料；亦可包在麵餅中煎至金黃，做成**八寶盒子**。

什蔬冬粉湯

▶材料（當主食1~2人份；作湯3~4人份）

❶木耳粗絲1片、高麗菜粗絲2葉、胡蘿蔔粗絲$^{1}/_{3}$支
蘆筍1支、冬粉1把、番茄1顆、香菇2朵

❷乳酪絲少許

▶調味料

鹽少許、香油1小匙、胡椒粉少許
醬油膏1大匙

▶做法

1 番茄洗淨切片，香菇洗淨切片〔圖1〕，蘆筍洗淨切段，冬粉泡水備用。

2 乳酪絲撕細絲、海苔片稍烤脆後切絲備用。

3 湯鍋中入水七分滿，下蔬菜粗絲和番茄，大火煮沸後轉中火，放入鹽、醬油膏〔圖2〕並下冬粉煮至透明。

4 下蘆筍，隨即加入香油、胡椒粉，用湯瓢轉動一下起鍋，再放一點乳酪絲和海苔增添風味。

a 把冬粉變化為**米飯**、**米粉**、**彩色蔬菜麵**、**寧波年糕**、**韓式年糕或粿條**，即成為另一種好料。

b 不放冬粉，另準備勾芡水（蓮藕粉3小匙加水4小匙混勻）。在下蘆筍後煮至大滾，邊攪拌邊倒入勾芡水至呈滑潤濃稠狀後，下香油和胡椒粉起鍋，淋在熱呼呼的白飯或麵條上，就是營養滿點的**燴飯**、**燴麵**。

c 把冬粉泡軟備用，再搭配幾樣火鍋料，就是美味的**火鍋料理**。

- 蔬菜絲約0.5公分寬左右較有口感。
- 如果不喜歡高麗菜硬梗的口感，下鍋前可先拿菜刀在梗上拍幾下，就能解決這個問題。

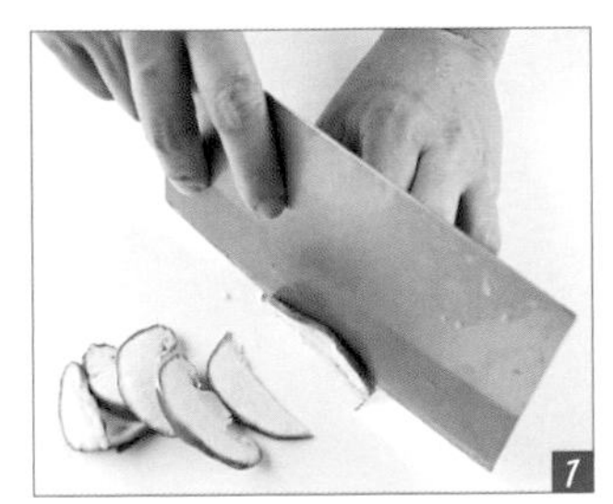
1

2

百變焗烤薯泥

▶材料（4~6人份）

❶中型馬鈴薯2顆、白胡椒少許

❷鮮香菇3朵、素培根3片、玉米筍5支
青花菜1小棵、胡蘿蔔1/2支

❸披薩起司絲1/2碗

▶調味料

蔬果調味料4小匙、黑胡椒1小匙、素蠔油1湯匙

▶做法

1 馬鈴薯洗淨後去皮切薄片，交錯放入淺鍋或蒸盤中〔圖1〕，撒上白胡椒和3小匙蔬果調味料，再倒入1碗水增加滑潤口感（若有剩下的滷汁或湯汁，可以取代水倒入增添風味）。

2 電鍋外鍋入水1碗，將馬鈴薯放入蒸軟備用（1碗水不夠可再加，務必將馬鈴薯蒸至熟軟如泥）。

3 蒸馬鈴薯的同時準備配料：材料❷洗淨切丁〔圖2〕。炒鍋入少許油，下胡蘿蔔、香菇和素培根略炒爆香。小火燒煮至胡蘿蔔呈半透明後，轉中火，下玉米筍、青花菜〔圖3〕及剩下的所有調味料炒勻，然後再下1/2碗水，轉中火燒至收汁入味，起鍋備用。

4 用飯瓢將蒸軟的馬鈴薯攪拌成滑順泥狀〔圖4〕，下做法3攪拌均勻，即成基本馬鈴薯泥。鋪在焗烤盤中，撒上披薩起士絲，入烤箱烤至表面金黃，做成焗烤薯泥。

1

2

3

4

變化ABC

a 最簡單的吃法是用冰淇淋杓將馬鈴薯泥挖成球狀，放入漂亮的盤中或**生菜**上吃。

b 青椒（或其他各色彩椒）洗淨對剖去籽，將馬鈴薯泥鋪在青椒中，撒上披薩起司絲後，入烤箱烤至表面金黃，即成**鑲青椒焗烤馬鈴薯泥**。

c 馬鈴薯泥挖球狀稍拍扁，沾麵包粉入油鍋煎至金黃，即成**香酥薯餅**。

d 馬鈴薯泥鋪在小蛋塔皮中，上頭撒滿披薩起司絲（可不撒），入烤箱烤至表面金黃，即成下午茶點心**馬鈴薯泥塔**。

吃了怕肥不吃又餓的時候，

最適合隨意弄些捲捲包包來享用。

不管是吐司漢堡餅餅皮皮，

都可以拿來裝絲絲粒粒片片醬醬，

只要夠**任性**，

就可以玩出無數的變化形。

清爽、簡單、份量少、營養要均衡，一次只吃1份。

油脂少一點、五穀雜糧酌量吃。

選擇熱量低體積大的食材。

多多搭配蔬菜，增加飽足感也吃到纖維質。

1週至少1天輕食，健康少負擔。

墨西哥捲餅

▶材料（2捲）

❶墨西哥餅皮2片

❷素香酥排2片

❸大顆番茄1顆、生菜$^{1}/_{4}$顆、黃瓜1條

▶調味料

番茄醬、黃芥茉醬、美乃滋適量

▶做法

1 番茄洗淨縱切大圓片，生菜剝開洗淨瀝乾，黃瓜洗淨切薄片備用。

2 香酥排放入烤箱烤至金黃酥脆〔圖1〕，縱切對半。

3 用炒鍋乾烘墨西哥餅皮至金黃燙手。

4 取出烘熱的墨西哥餅皮鋪在平盤上，先在中央抹上適量美乃滋，將2片番茄、2片生菜，以及適量小黃瓜片鋪在餅皮上，接著擠上番茄醬和黃芥茉醬，再擺上香酥排，最後再把餅皮兩邊摺起成捲狀，就可以趁熱享用囉〔圖2、3、4〕！

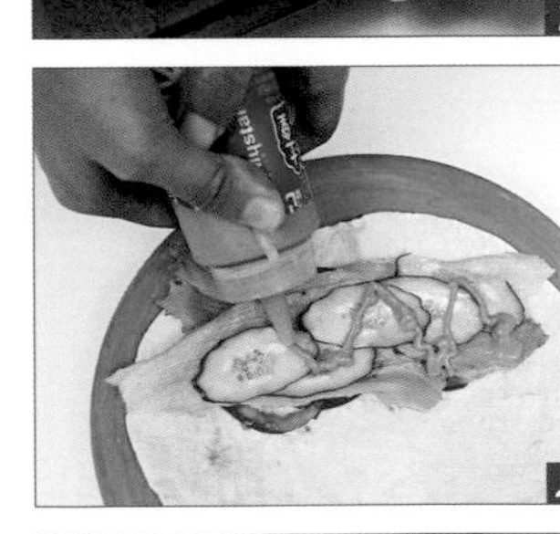

1

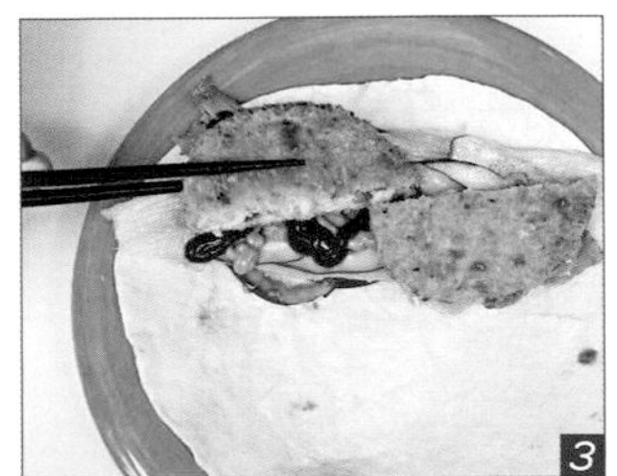

3

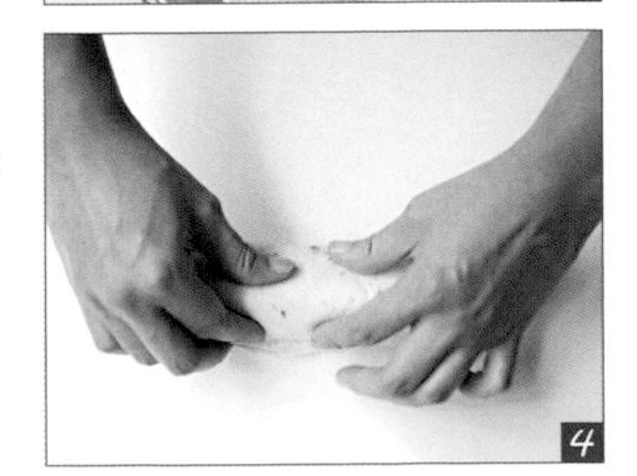

4

變化ABC

a 香酥排可自由變化成**素熱狗**、**素檸檬蝦排**、**黑胡椒排**、**可樂餅**、**咖哩料理**或**炸豆腐**等，變化超多。

b 如果買不到墨西哥捲餅（101或COSTCO等外商超商均可購得），可以自由變化為**大亨堡**、**潛艇堡**、**中式蛋餅皮**或**潤餅皮**等，一樣美味哦！

墨式辣豆醬塔可

吃法×5

▶材料（8人份）

❶ 玉米脆餅塔可（Taco）8個
❷ 鮮香菇丁3朵、杏鮑菇丁1支
辣椒丁2支、青花菜碎丁1小顆
番茄丁1大顆、鷹嘴豆1碗、素肉醬2罐
❸ 美生菜8葉

▶調味料

番茄醬1大匙、黑胡椒1小匙、薑黃粉1小匙
鹽$^{1}/_{2}$小匙、綜合香料（Garam Masala）1小匙
蔬果調味料1小匙

▶做法

1 鷹嘴豆泡水一夜後蒸軟以機器或手壓打成泥〔圖1〕。

2 鍋中倒入橄欖油1大匙，下辣椒丁以中火炒香，再下香菇丁、杏鮑菇丁略炒，續下鷹嘴豆泥以及素肉醬拌炒，最後下番茄丁、青花菜丁，並加入所有調味料拌炒均勻，略燒至入味收汁即可熄火〔圖2〕。

3 用夾子夾住塔可餅在火上略烤熱，內面先鋪1片生菜葉，再將炒好的蔬菜豆泥醬填入，即可大口享用囉！

1

2

a 炒好餡料後，可以在起鍋前倒入飯或義大利彎管麵做成**炒飯**或**炒麵**。
b 把塔可餅變化成墨西哥薄餅，就可以做成**墨式辣豆醬捲餅**了。
c 也可以把餡料放在**生菜**中包起來吃，或用蘿蔓生菜葉**舀著**享用。
d 有吃蔥蒜的人可加一顆洋蔥丁，和辣椒丁一起下鍋爆香，並把薑黃粉和綜合香料換成**墨西哥綜合調味料**或**墨西哥辣醬**，口味更道地！

咖哩三明治

▶材料（2人份）

❶地薯$^{1}/_{2}$顆、蘆筍3支、鮮香菇3朵

❷胡蘿蔔$^{1}/_{4}$支、素火腿2~3片、吐司4片、素肉脯適量
乳酪絲適量、海苔片適量

▶調味料

醬油膏1小匙、黑胡椒粉1小匙、咖哩粉1小匙
白芝麻少許

▶做法

1 地薯洗淨去皮切粗片，沖冷水去澱粉質；鮮香菇洗淨切粗絲；蘆筍洗淨去老莖斜切薄片；胡蘿蔔洗淨去皮切薄片入烤箱稍烤過〔圖1〕；素火腿稍煎過切粗絲。

2 炒鍋入油1 $^{1}/_{2}$小匙燒熱，下咖哩粉稍炒，再下醬油膏、黑胡椒粉，淋少許水後下香菇絲和蘆筍片，翻炒至蔬菜透明鮮脆即可熄火〔圖2〕。

3 吐司去邊後（可不去）送入烤箱裡稍烤過後取出一片，依序鋪上素肉脯、咖哩蔬菜絲、乳酪絲、地薯片、胡蘿蔔片，灑上少許白芝麻，再蓋上另一片吐司稍壓一下〔圖3、4、5〕。

4 海苔片稍烤過後剪粗條，一份吐司堡用一條海苔條從中間包起來即可。

a 將菜餡放在吐司的中央，再將吐司依對角線折成三角形，邊邊塗些湯汁壓緊，放入烤箱烤至金黃，或在平底鍋中入少許油煎至香脆金黃，就成了美味的**咖哩黃金角**。

b 所有蔬菜和素火腿切絲，入鍋炒成咖哩蔬菜絲，灑上白芝麻，再用墨西哥餅皮捲起成**咖哩墨西哥捲**。

c 把吐司變化為口袋餅（台北福利麵包店有賣）或中式燒餅，對切後塞入餡料，就成了異國風的**咖哩口袋餅／燒餅**。

d 所有蔬菜和素火腿切絲後，和麵條炒成**咖哩炒麵**就是另一種風味。

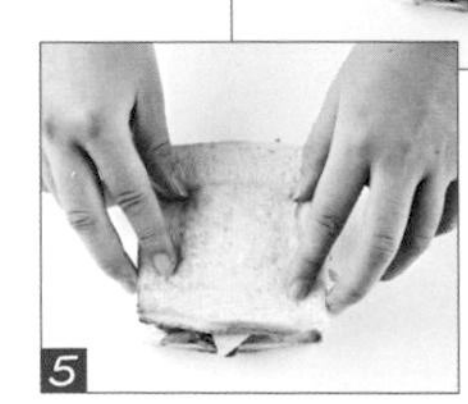

香煎五色脆餅

▶材料（6~7捲）

❶木耳1大片、杏鮑菇1小支、青椒$^{1}/_{2}$顆
荸薺2粒

❷三色豆1小碗、薑末1小撮、素雞柳2塊
香菜末1小撮、春捲皮1~2片

▶調味料

辣椒末少許、黑胡椒鹽少許、鹽$^{1}/_{2}$小匙
蔬果調味料$^{1}/_{2}$小匙、醬油膏1小匙

▶做法

1 材料❶洗淨後（荸薺要去皮），和素食雞柳塊一樣都切小丁。

2 炒鍋燒熱入1小匙油，下薑末、辣椒末和雞柳丁拌炒至金黃，續下木耳、杏鮑菇、三色豆、青椒及荸薺炒勻。

3 下所有調味料，入$^{1}/_{4}$碗水燒至蔬菜熟亮，起鍋前下香菜末拌炒一下，即成一鍋美味餡料〔圖1〕。

4 春捲皮攤平，鋪上炒好的蔬菜後，折成四方形餅狀〔圖2、3、4〕。

5 不沾鍋入油1大匙燒熱，下春捲餅以小火煎至兩面金黃即可起鍋。

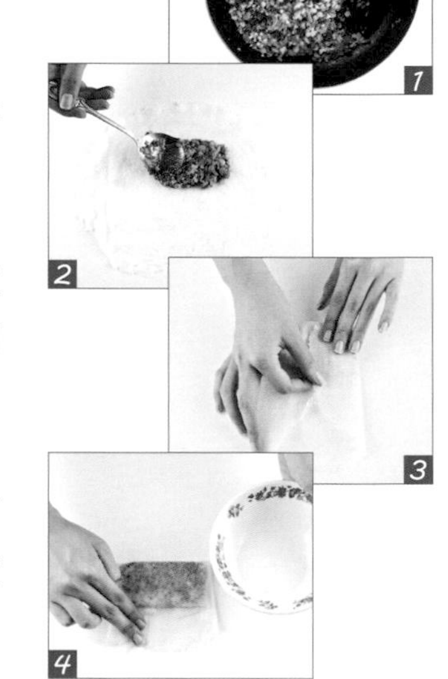

a 春捲皮換成豆包，就成為蛋白質豐富的**黃金豆包餅**。

b 五色內餡可變化為自己喜歡的**當季蔬果**，或加些**歐式香草**增添風味。

c 想省時間可直接下三色豆和$^{1}/_{2}$碗素火腿丁炒勻，再下1匙素沙茶和調味料做成**簡易內餡**。

d 素雞柳丁可以**素香鬆**代替，但要起鍋後再拌入。

e 剩下的餡料可以拿來**炒飯**、**夾麵包**。

- 春捲皮用多少買多少、拿多少，才不會在空氣中變乾變硬。
- 折餅時若春捲皮很容易散開，可用麵粉水（少許麵粉加$^{1}/_{3}$~$^{1}/_{4}$碗水混勻）當沾黏劑。

玉米黃金盒子

▶材料（6個）

玉米粒罐頭1罐、香菜1大把、大張水餃皮12張

▶調味料

鹽1小匙、粗黑胡椒粒1小匙、番茄醬少許

▶做法

1 香菜洗淨切粗末〔圖1〕。

2 玉米罐頭打開倒入大碗，拌入鹽及黑胡椒粒〔圖2〕。

3 1張水餃皮鋪在平盤中，中間放上玉米粒，上面鋪一層香菜〔圖3、4〕。

4 先在水餃皮邊緣沾一圈水，另取1張水餃皮蓋上，然後再上下將2張水餃皮邊緣捏緊黏合〔圖5〕。

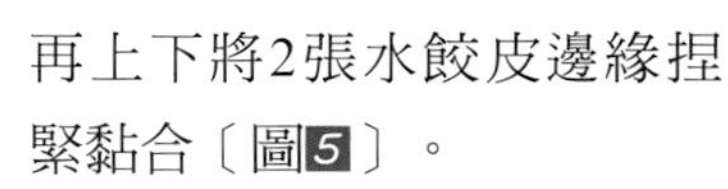

5 炒鍋中入$^1/_2$碗油以小火燒熱，下包好的黃金餅，以文火煎炸至兩面金黃即可起鍋，淋上番茄醬趁熱享用。

1

3

4

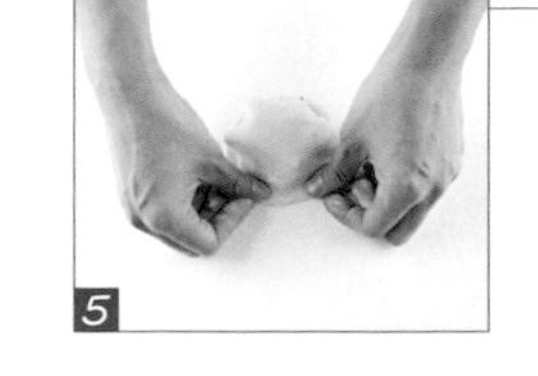
5

變化ABC

a 怕一塊餅太大吃不完？那只要用一張水餃皮包好後對折成半圓形，作成**玉米水餃**就行啦！

b 喜歡重口味的人可加1小匙**辣椒末**或**沙茶醬**，變換不同口味。

c 香菜可變化為**香椿葉**、**茴香葉**、**海苔粉**或**迷迭香**，創造不同的風味。

d 玉米也可以改為燙過的**三色豆**，一次吃到三種蔬菜。

e 怕麻煩的人可直接把調味好的玉米粒裝在小烤杯中，進烤箱烤至熱呼呼香噴噴，直接取出挖著吃，即成簡單美味的**波波玉米**。

豆包捲心蔬

▶材料（2捲）

豆包2片、綠豆芽少許、小黃瓜1支、紅椒$^1/_2$顆
素火腿3片、乳酪絲少許、地薯$^1/_4$小顆

▶調味料

黑胡椒鹽、醬油膏、鹽少許、檸檬汁$^1/_2$顆
堅果醬適量、甜辣醬少許

▶做法

1 綠豆芽洗淨去尾，小黃瓜、紅椒洗淨切細絲〔圖1〕；地薯去皮切絲；素火腿稍煎過切絲備用。

2 炒鍋中入油少許燒熱，攤開豆包鋪在鍋底，小火煎至兩面金黃後盛起〔圖2〕。

3 綠豆芽用滾水稍燙一下起鍋瀝乾放涼，下檸檬汁拌勻。小黃瓜絲、地薯絲、醬油膏和堅果醬則放到另一個碗裡拌勻〔圖3〕。

4 將煎好的豆包攤平，撒些黑胡椒粉，再依序將火腿絲、做法3、紅椒絲、乳酪絲、豆芽菜平均鋪在豆包上捲起來後，淋上甜辣醬享用〔圖4、5、6〕。

a 豆包可改用**春捲皮**代替（不用煎）。
b 把豆包換成**結球生菜**葉或**蘿蔓生菜**，更清爽。
c 把豆包換成米飯或剩飯做成飯糰：先炒好蔬菜料備用（豆包和乳酪絲除外），取一塊耐熱保鮮膜鋪在平盤上，舀1匙熱好的飯鋪在保鮮膜上，鋪上蔬菜料，再抓著保鮮膜包起成糰用力壓緊，就是吃飽又吃巧的飯糰；更可以在飯糰外頭滾上一層**白芝麻**或**素香鬆**、**海苔**等，做成**花式飯糰**。

好吃123

●綠豆芽洗淨後沒有要馬上用需先泡水（但勿過久，容易爛），以免變色。

五色絲絲堡

▶材料（2個）

大亨堡2個、馬鈴薯1顆、胡蘿蔔1支、四季豆12~15支
鮮香菇4朵、南瓜1/8顆、白芝麻少許

▶調味料

醬油膏1大匙、鹽1/2小匙、黑胡椒1/2小匙、香油1/2小匙
素沙茶醬1大匙、綜合堅果少許

▶做法

1 馬鈴薯洗淨去皮切絲，沖冷水稍稍洗去澱粉質後瀝乾備用。香菇、胡蘿蔔、南瓜及四季豆洗淨切絲〔圖1〕。白芝麻入鍋以小火乾炒至香味溢出。

2 鍋中入1大匙油燒熱，下香菇絲及胡蘿蔔絲快炒後，入馬鈴薯絲炒至微呈透明，再下四季豆、醬油膏、素沙茶、鹽和黑胡椒〔圖2〕，可依個人口味調整鹹淡，加1碗水燒至入味，最後再下南瓜煮至熟軟，即可淋上香油拌勻起鍋備用。

3 大亨堡入烤箱約2分鐘稍烤熱，夾入調理好的做法2，撒上白芝麻和綜合堅果，即可趁熱享用〔圖3、4〕。

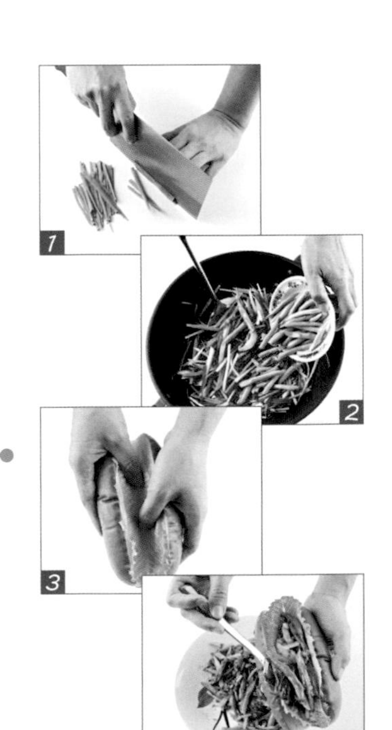

變化ABC

a 可用**潛艇堡**、**法國麵包**、**全麥刈包**或**吐司**代替大亨堡，做成各種絲絲堡。

b 炒好的餡料可以直接配飯享用，也可以在起鍋前倒入飯或麵做成**炒飯**或**炒麵**，超營養的哦！

c 五色絲可以自由變化為自己喜歡的蔬果，如馬鈴薯可以用白蘿蔔或牛蒡代替，胡蘿蔔可以用番茄或紅椒代替，青椒可以用四季豆或秋葵代替，如果家中有隔夜的剩菜，也可以炒在一起做成餡料。

d 只要把大亨堡換成**潤餅皮**或**素蛋餅皮**，即可變化出好吃的絲絲捲餅哦！

香椿紫米糕

▶材料（18小塊）

黑糯米1碗、白長糯米1/2碗、白圓糯米1/5碗

▶調味料

香椿醬1大匙、沙茶醬1大匙、素蠔油適量

▶沾料

甜辣醬1/2小碗、花生粉1/2小碗、香菜末1/2小碗

▶做法

1 長糯米、圓糯米洗淨泡50分鐘，瀝乾備用。

2 內鍋入黑糯米洗淨，下泡好的長糯米、圓糯米和1/2碗水拌勻，放入電鍋後外鍋放3碗水，蓋上蓋子蒸至跳鍋，再悶15分鐘後取出。

3 打鬆蒸熟的紫米，下調味料充分拌至入味。

4 取一方型托皿，將拌好的紫米壓入器皿中成型，用菜刀抹少許油切3公分長寬的塊狀後，再倒扣在盤子上。

5 取一塊紫米糕六面全部沾上甜辣醬，再沾花生粉，最上面再放上一點香菜作裝飾〔圖1、2〕。

1

2

3

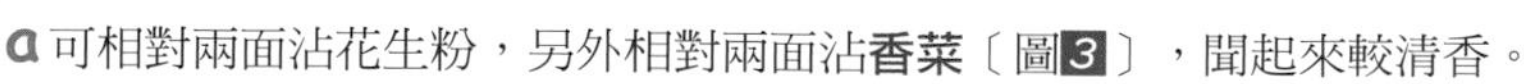

變化ABC

a 可相對兩面沾花生粉，另外相對兩面沾**香菜**〔圖3〕，聞起來較清香。

b 蒸好的紫米，與蒸熟的山藥丁、地瓜丁或芋頭丁拌在一塊，下少許奶油、紅糖拌勻後可做為好吃甜點**香甜紫米**。

c 將紫米蒸熟後與馬鈴薯丁攪勻，下**咖哩**或**味噌**拌勻，或直接**沾芝麻**吃，都是香Q不錯的吃法。

d 紫米蒸熟後加入綜合堅果和芝麻醬拌勻，做成營養**紫米堅果飯**。

哈姆蔬菜煎

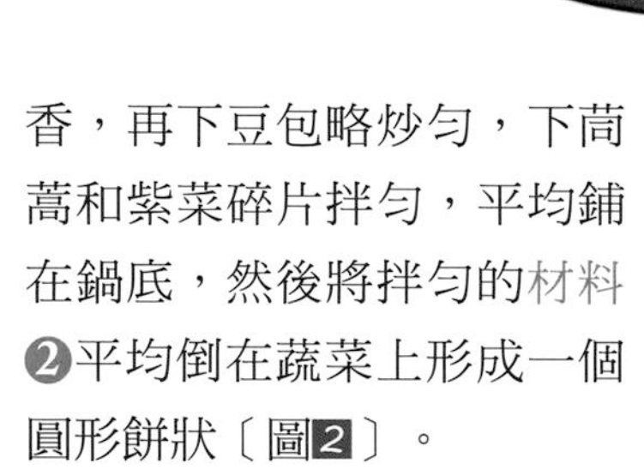

▶材料（2~3人份）

❶素火腿1片、香菇1大朵、豆包$^1/_2$片
紫菜碎片1小把、茼蒿2~3顆

❷蕃薯粉4大匙、水6大匙、鹽少許

▶調味料

香菇醬油1碗、冰糖1碗、味醂$^1/_4$碗
蔬果調味料1大匙、麥芽1大匙（可不加）
酒2大匙（可不加）

▶做法

1 素火腿、香菇、豆包和茼蒿淨後，切約1.5公分平方的小塊〔圖1〕。

2 除了酒和味醂之外的調味料倒入小鍋中拌勻，以小火煮至冰糖融化並呈濃稠狀，再將酒和味醂倒入拌勻煮滾，放涼備用。

3 不沾鍋內放1大匙油，開中火燒熱後，下火腿和香菇炒香，再下豆包略炒勻，下茼蒿和紫菜碎片拌勻，平均鋪在鍋底，然後將拌勻的材料❷平均倒在蔬菜上形成一個圓形餅狀〔圖2〕。

4 待蔬菜煎邊緣呈透明狀〔圖3〕，中間也大致熟了時，即可小心的用兩支平鏟鏟起翻面，把另一面也煎至熟脆金黃，即可熄火起鍋裝盤，淋上醬料趁熱享用。

a 素火腿可以變換為**素蚵仔酥**、**素鹽酥雞**或**素培根**，香菇也可以換成草菇。

b 芋頭$^1/_2$顆切小丁，以少許油用小火煎至金黃且香味四溢，可以取代素火腿，做成**芋頭煎**！

c 材料❷變化成中筋麵粉100克、水150cc及鹽少許，就可以變化為**哈姆蔬菜煎餅**了。

d 把變化c的餡料改為素火腿加素韓式泡菜，就變成**韓式泡菜煎餅**囉！

大餅捲什蔬

▶材料（2~3人份）

❶豆包絲1片、麵粉$^{1}/_{2}$碗、小黃瓜細末$^{1}/_{4}$碗

❷素火腿絲$^{1}/_{4}$碗、馬鈴薯絲$^{1}/_{3}$碗、黃椒絲$^{1}/_{3}$碗
蘆筍3支、地瓜絲$^{1}/_{3}$碗、銀芽1小碗、薑絲少許

▶調味料

鹽少許、味醂少許、胡椒粉少許
橄欖油$^{1}/_{2}$小匙、醬油膏1小匙

▶做法

1 麵粉、鹽、胡椒粉、小黃瓜末混勻，倒入1碗水和$^{1}/_{2}$小匙橄欖油混勻做成麵糊。

2 入少許油熱鍋，下豆包絲稍煎過，火稍轉大去除水氣，續煎豆包絲至呈金黃色。

3 另起一鍋入少許油，下材料❷翻炒均勻，入醬油膏、味醂拌炒，再下$^{1}/_{3}$碗水燒至蔬菜透亮起鍋。

4 平底鍋中倒入1匙油小火燒熱，用湯瓢舀1瓢麵糊，緩緩倒入鍋中並平推成圓餅狀，一面煎好再翻面，煎至兩面金黃就可以偽裝成蛋捲〔圖1〕。

5 將煎好的豆包絲、炒好的蔬菜鋪在餅皮上，再捲成蔬菜捲（切成2小捲）即可享用〔圖2、3〕。

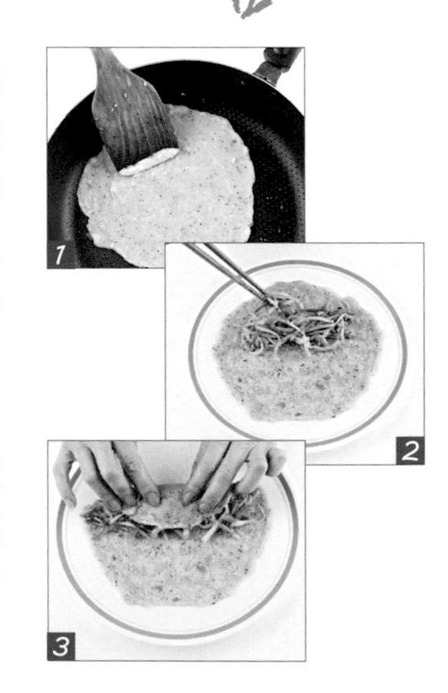

變化ABC

a 豆包不切絲煎過，在餅皮翻面前鋪上，再一起翻面煎至合而為一並呈兩面金黃，在鍋中折三折後，再起鍋切片，淋上素蠔油或甜辣醬即為**蔬菜豆包餅**。

b 麵糊裡的小黃瓜細末可改為**芹菜末、香椿末、九層塔末、香菜末、茴香末**等香草，或是添加1大匙的**咖哩粉、芝麻醬、番茄醬、莎莎醬、味噌**等，就能做成不同風味的餅皮。

好吃123

● 銀芽就是去掉頭尾的綠豆芽，口感會比未除去時爽脆。

● 煎東西前，先灑少許鹽再煎，可避免沾鍋、黏鍋；煎豆包絲時注意不要讓它糾結成一團。

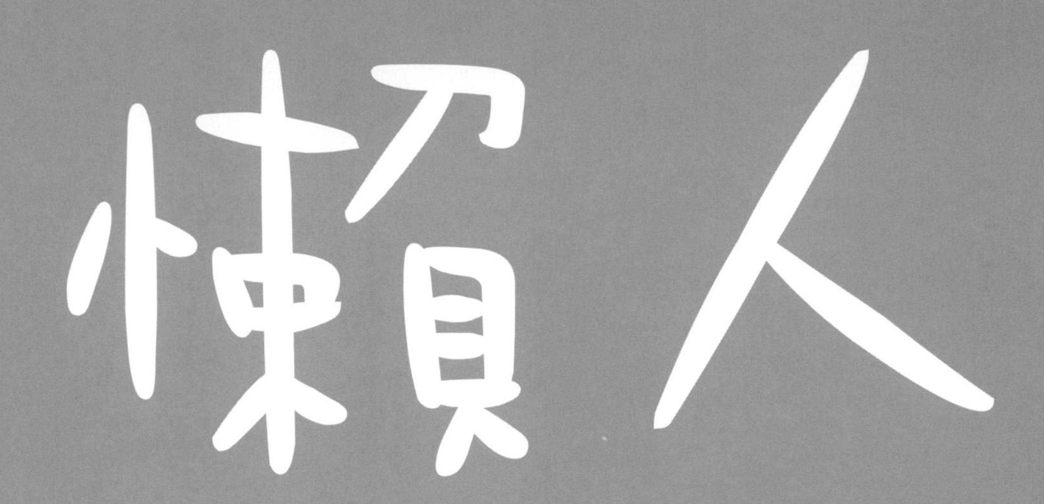

就是想**偷懶！**

可是又想健康，

又想美味，

又想愛現一下廚藝怎麼辦？

那就跟著蘭姆隨順心情，

簡單步驟搞定一桌好菜吧！

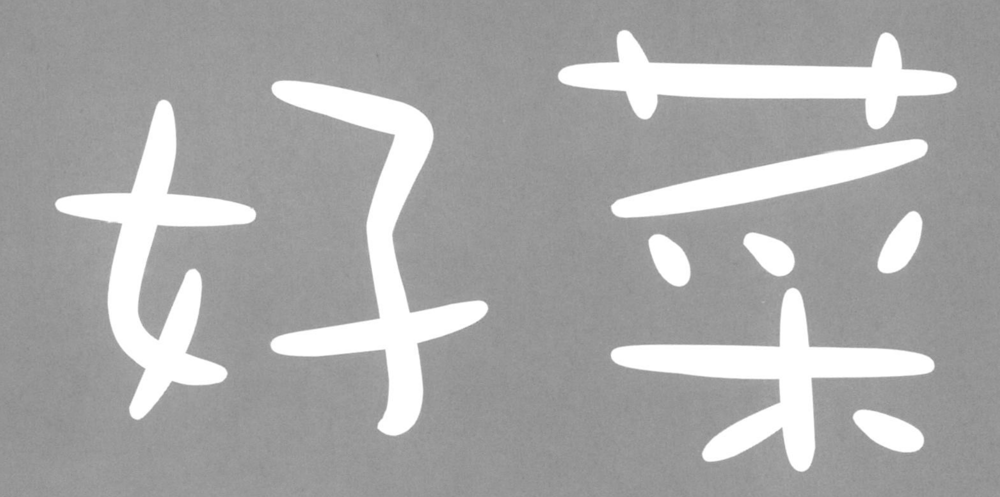

選油要注意、高溫烹調時間勿太長。

料理建議：拌＞蒸＞燙＞煮＞滷＞炒＞煎＞炸。

難熟的先下、油份高或用油量較多的先炒。

想維持蔬菜鮮嫩，鹽起鍋前放；想避免葉菜變黃則早點放。

廚房多放調味蔬果（羅勒、香椿、迷迭香、檸檬、薑、辣椒等），減少傳統調味料。

糖醋酥排

▶材料（3人份）

鮮香菇2朵、鳳梨2片、山藥1小塊
素排骨塊1碗、薑1小塊（約姆指大）
青椒$^{1}/_{2}$顆、紅椒$^{1}/_{2}$顆

▶調味料

番茄醬2大匙、白醋1大匙、糖1中匙
醬油1大匙、蔬果調味料1小匙
黑胡椒粉1小匙

▶做法

1. 山藥洗淨去皮切小滾刀塊，鮮香菇、青椒、紅椒及鳳梨洗淨切塊，薑用刀面壓扁備用〔圖1〕。

2. 鍋中入油1大匙燒熱，下薑塊爆香，下香菇略炒後，再放入素排骨煎至香味出。

3. 轉中火，下鳳梨拌炒約1分鐘，再加入所有的調味料炒勻，最後下山藥、紅椒、青椒拌炒至材料都均勻裹上醬汁，倒入$^{1}/_{2}$碗水燒至收汁，即可起鍋享用〔圖2〕。

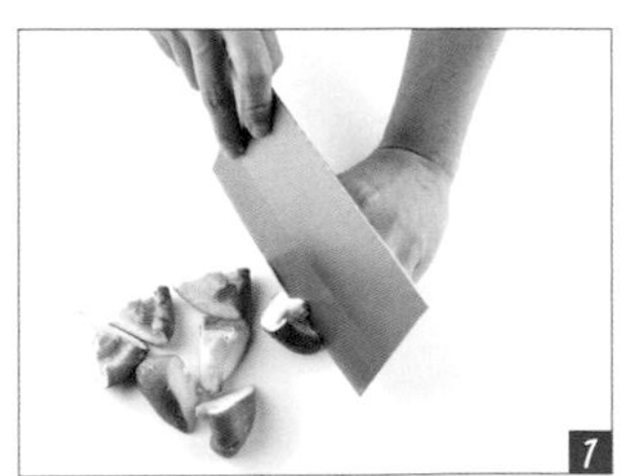
1

2

a 有吃洋蔥的朋友可以加$^{1}/_{2}$顆**洋蔥絲**和香菇同時下鍋炒香，味道會更香。
b 白醋可改為1顆**檸檬汁**，更增添香氣，喜歡吃酸的朋友加2顆也無妨。
c 山藥有黏液，已有勾芡效果，不需再用太白粉勾芡。買不到山藥的話可用**馬鈴薯**代替，其澱粉質有同樣的效果。
d 不喜歡素料的朋友可以把素排骨改為**杏鮑菇**或**猴頭菇**，或是用煎過的**麵腸塊**取代。

三杯豆腐

▶材料（3人份）

老豆腐1塊、杏鮑菇1支、老薑3~5片
枸杞1匙、九層塔1把、辣椒片1支

▶調味料

黑麻油1大匙、醬油2大匙、冰糖1小匙
酒1大匙（可不加）、胡椒粉少許

▶做法

1 九層塔洗淨後摘下葉子〔圖1〕，杏鮑菇洗淨後切小塊，豆腐沖洗後切塊瀝乾備用〔圖2〕。

2 炒鍋中入黑麻油以小火燒熱，下薑片和辣椒片，稍煸至香味出來。

3 下豆腐及杏鮑菇〔圖3〕，用推的方式輕輕拌炒後，鋪平煎至微金黃，下醬油、冰糖、酒及胡椒粉拌匀。

4 下1碗水燒至湯汁呈濃稠狀且豆腐入味，最後下九層塔及枸杞，拌匀後即可起鍋。

1

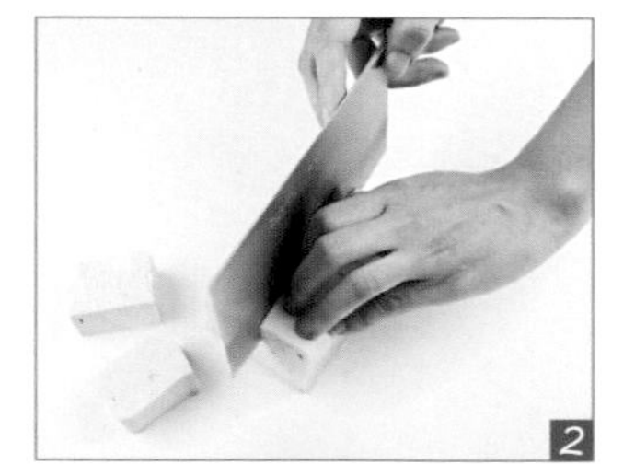

2

3

a 老豆腐可以改為**油豆腐**，口感更紮實。不過記得先在油豆腐表面劃一刀，使油豆腐更容易入味。

b 將老豆腐改為猴頭菇，煨燒的時候燒久一點，讓湯汁收乾，就變成**三杯猴頭菇**了。

c 也可以在豆腐下鍋的同時，一起下$^1/_4$支胡蘿蔔塊、5支玉米筍切段及3朵鮮香菇切塊拌炒，做成**五色三杯豆腐**。

生菜擁抱起司鬆

▶材料（2人份）

結球生菜2葉、辮子起司1碗
枸杞1小匙、原味玉米脆片1碗

▶做法

1 結球生菜小心一片片剝開，洗淨瀝乾備用；枸杞洗淨沖熱水瀝乾備用。

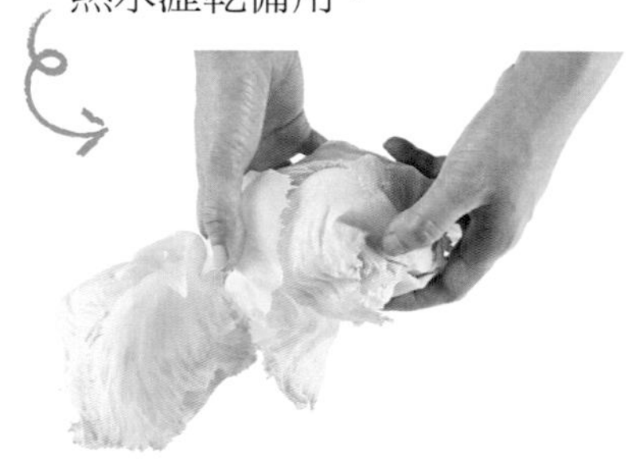

2 辮子起司切碎〔圖1〕，與玉米脆片充分混合，鋪在盤中入烤箱烤至呈金黃並且香味溢出〔圖2〕。

3 從烤箱取出後放在生菜中，灑上枸杞即可食用。

1

2

a 辮子起司可用**起司鬆**代替；枸杞也可以換作**蔓越莓**。
b 玉米脆片可用**烤吐司塊**或**烤洋芋片**取代。
c 要奢華一點，可將**素火腿**、**素培根**、**素蝦仁**、**素香酥排**或**素熱狗**等食材切小塊烤至香脆，一起混入烤好的起司鬆中；或再加些**綜合堅果**添加營養。

● 如果要宴客，生菜可以稍稍修剪整齊，會比較好看。

涼拌地薯

▶材料（2~3人份）

小顆地薯1顆（大顆1/2顆）、辣椒1支
芹菜1支、薑末1大匙

▶調味料

果糖1小匙、檸檬汁2匙、鹽少許

▶做法

1 地薯洗淨去皮切粗絲，泡入冰水中備用〔圖1〕。辣椒洗淨切圓片、芹菜洗淨切末備用。

2 地薯絲撈出瀝乾後，和其他所有材料、調味料拌勻〔圖2〕，蓋上蓋子放入冰箱冷藏約1小時，待地薯入味即可取出享用。

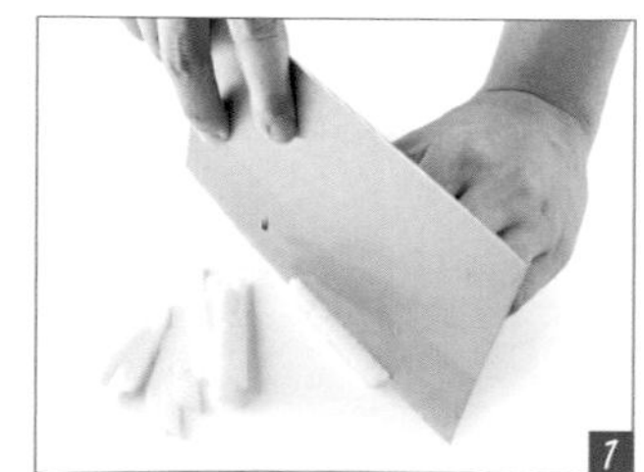
1

2

變化ABC

a 地薯可變化為當季根莖類如**甜菜根**、**白蘿蔔**、**煮牛蒡**、**佛手瓜**和**馬鈴薯**（切細絲沖掉澱粉質，燙過後浸冰水）、**大頭菜**等；芹菜可換成香菜3支。

b 檸檬汁可改為**百香果汁**、**紅酒醋**、**水果醋**等，別有一番風味。

c 嗜辣的人可以加量辣椒，和1匙花椒、1匙辣油一起入鍋爆香，連油一起拌入地薯中，即成**麻辣地薯**。

香烤咪瘦茄

吃法 ×3

▶材料（4人份）

日本茄子2顆

▶調味料

甜白味噌1小包、純芝麻醬1大匙
黑芝麻粒1大匙、香菇醬油少許

▶做法

1 茄子洗淨對剖〔圖1〕，排在平圓盤上，放入電鍋中蒸至稍軟（外鍋1/2碗水）。

2 蒸茄子的同時，可以先把所有調味料倒在碗中混勻，做成醬料〔圖2〕。

3 在蒸好的茄子表面抹一層混好的醬料〔圖3〕，灑上白芝麻後〔圖4〕，送進烤箱烤至味噌表面金黃，即可享用，連皮一起吃才健康哦！

1

2

3

4

變化ABC

a 味噌醬可以變化為**咖哩醬**：素咖哩塊1小塊、1大匙醬油膏及1碗水，放入小鍋中煮成糊狀即可。

b 味噌醬可以變化為**芝麻醬**：純芝麻醬3大匙、香菇醬油1大匙、味醂1小匙、黑芝麻粒1大匙、三寶粉（啤酒酵母、小麥胚芽和大豆卵磷脂）1大匙，全部混合均勻。

c 超級懶人族可將茄子蒸軟後直接沾**香菇醬油**吃。

芝麻味噌醬菠菜

▶材料（2~3人份）

菠菜1把、白芝麻適量

▶調味料

芝麻醬1大匙、味噌1/2匙
花生醬1小匙

▶做法

1 菠菜去頭洗淨，先放入滾水以中火燙熟〔圖1〕，再用漏杓舀出瀝乾，然後切段排在盤子上。

2 將芝麻醬、味噌和花生醬加少許熱水充分混合，調勻成淋醬〔圖2〕。

3 把調好的淋醬淋在菠菜上，再撒上白芝麻，就是一道簡單、營養又美味的好菜了！很適合在宴客少一道菜時派上用場。

1

a 菠菜可以自由變化成任何綠色葉菜類，或把**黃瓜**洗一洗切片淋醬、川燙**絲瓜**厚片和**苦瓜**薄片佐醬，一樣美味且營養不減。

b 不配菜的話，把芝麻味噌醬拿來**沾水餃**、**拌麵**或**拌餛飩**，便可解決一餐！

c 把芝麻味噌醬塗在洗好對切的**茄子**、切厚片的**葫蘆瓜**、**南瓜**或**豆腐**、**吐司**上，進烤箱烤至金黃，就是道日式清爽料理。

2

香烤杏鮑菇

吃法×6

▶材料（1~2人份）

杏鮑菇1支

▶調味料

醬油膏1大匙、鹽少許
黑胡椒粉少許

▶做法

1 所有調味料先混勻作成佐料備用。

2 杏鮑菇洗淨後直切0.5公分厚片〔圖1〕，再抹上佐料醃2分鐘〔圖2〕。

3 將醃過的杏鮑菇鋪在烤盤上送入烤箱烤成金黃色且香味溢出，即可取出趁熱享用〔圖3〕。

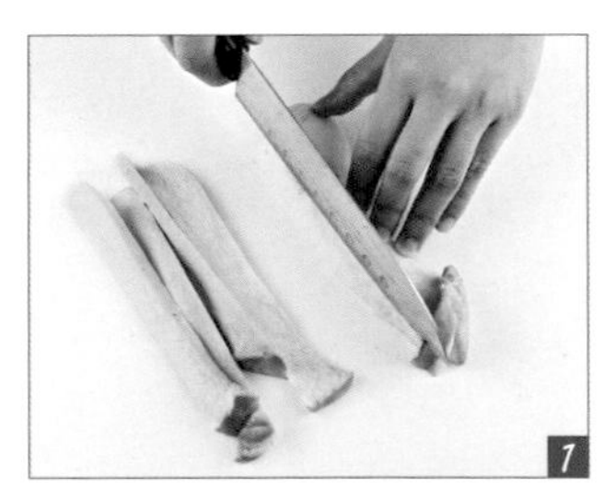

1

2

3

變化ABC

a 想保有杏鮑菇的香氣和湯汁，杏鮑菇切塊後用塗過橄欖油的錫箔紙包起來，再放入烤箱烤至香味溢出，就是**燜烤杏鮑菇**。

b 把醬油膏改為奶油（可吃蒜者可混入一些），即成**歐風香烤杏鮑菇**。

c 杏鮑菇可以隨個人喜好變化為**鮮香菇**、**蘑菇**或**金針菇**等。

d 沒有烤箱的人可把杏鮑菇片放入不沾鍋中，以少許橄欖油煎至兩面金黃，即成**香煎杏鮑菇**，沾醬油膏享用也很美味。

好吃123

● 杏鮑菇第一次烤好後立即享用就已經不錯吃了，但建議翻面再烤一次，甚至多次翻面烤過（每次約3~5分鐘），嚐起來會帶點肉乾的口感！

豆腐In彩椒

▶材料（4人份）

❶老豆腐1塊、磨菇片3朵、胡蘿蔔丁1/2支
鮮香菇丁2朵、素火腿末2厚片
碗豆片（去絲切丁）8片
❷紅椒1顆、黃椒1顆
披薩起司絲1把

▶調味料

醬油膏1大匙、黑胡椒少許
蔬果調味料1小匙、鹽少許

▶做法

1 紅、黃椒洗淨縱剖去籽，豆腐洗淨捏碎，包入餐巾紙中擰乾水份〔圖1、2〕。

2 鍋中入油1/2匙燒熱，下胡蘿蔔丁、鮮香菇丁和素火腿末略拌炒，小火燒至胡蘿蔔稍軟，再下磨菇片和碗豆片拌炒，續下所有調味料略炒，最後倒入擰乾的豆腐泥拌勻，即可起鍋〔圖3〕。

3 將炒好的豆腐餡料填入紅、黃椒中，表面平均鋪上披薩起司絲，送入烤箱烤5~8分鐘左右，待彩椒發皺且熟軟，即可取出淋上少許番茄醬享用〔圖4、5〕。

變化ABC

a 豆腐可以用**豆渣**、**素豆泥**或切碎的**豆包**代替。若有時間，可先將豆腐（或豆渣、豆泥、碎豆包）入油鍋中略煎至金黃，味道更香、口感會更紮實。

b 披薩起司絲可改為**起司粉**1小匙，會更清爽一些！

c 豆腐餡料也可以單獨用來**炒飯**，或加入煮好的義大利筆管麵拌炒後放入焗烤盤中做成**豆腐焗麵**。

豆酥愛紫茄

▶材料（4人份）

長條茄子2條、碎豆酥$^1/_2$碗、薑末1小撮
辣椒末1小撮、香椿末1小撮

▶調味料

醬油1小匙、蔬果調味料$^1/_2$小匙
白胡椒少許

▶做法

1 茄子對剖，切成約7公分長（約中指長短），排在平圓盤中放入電鍋，外鍋放$^1/_2$米杯的水稍稍蒸軟〔圖1〕。

2 蒸茄子時可炒豆酥：炒鍋中入油1匙，下薑末、辣椒末及香椿末爆香，再下豆酥一起炒香，最後淋上醬油，撒上蔬果調味料和白胡椒拌炒均勻〔圖2〕。

3 將剛炒好的豆酥起鍋，平均鋪在蒸好的茄子上，趁熱享用，超美味的哦！

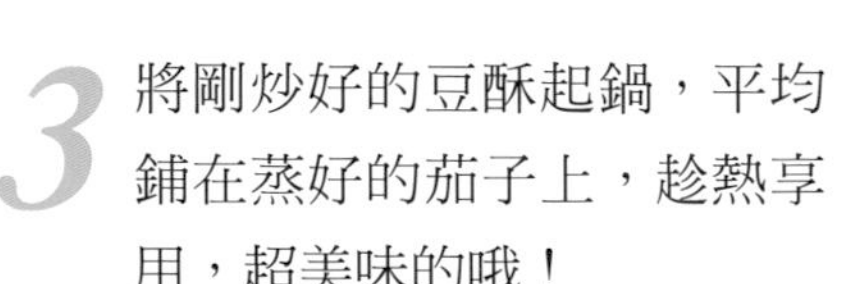

1

a 有吃蔥蒜的朋友可以把香椿末改為**蒜末和蔥末**，風味更香濃。

b 茄子也可以變化為**薯泥**、蒸軟的**薯片**、捏碎擠乾的**嫩豆腐**（或燙過的豆腐片）、蒸軟的**南瓜片**、**葫蘆瓜片**或**高麗菜葉**等，只要是煮熟後軟軟的蔬果都很適合拿來配豆酥。

c 把蒸好的茄子鋪在飯上，再撒上豆酥，就變成超開胃的**豆酥茄子蓋飯**囉！

2

筊白筍麵腸

▶材料（2~3人份）

筊白筍1支、麵腸2條、辣椒1支

黃椒1/2顆

▶調味料

醬油膏1匙、蔬果調味料1小匙

鹽少許、胡椒粉少許

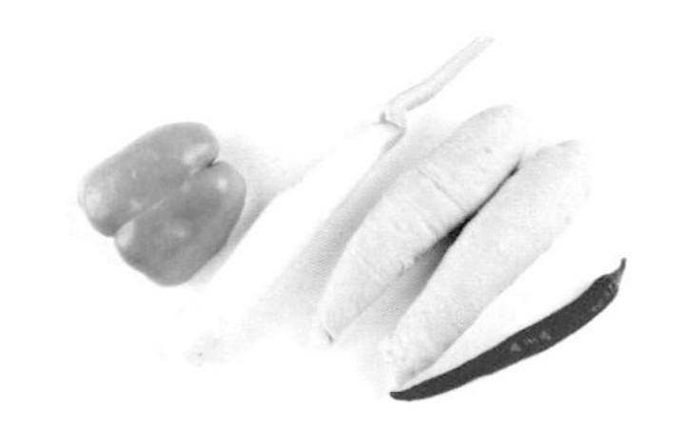

▶做法

1 素腸洗淨對切後，斜切成薄片；筊白筍洗淨去皮切片；辣椒洗淨切片；黃椒洗淨後去籽切滾刀片備用〔圖1、2、3〕。

2 炒鍋入1大匙油燒熱，放入辣椒及麵腸炒勻，再下筊白筍、黃椒、醬油膏、蔬果調味料、鹽及2匙水，蓋上鍋蓋煨至香味溢出，最後撒上胡椒粉即可熄火起鍋。

1

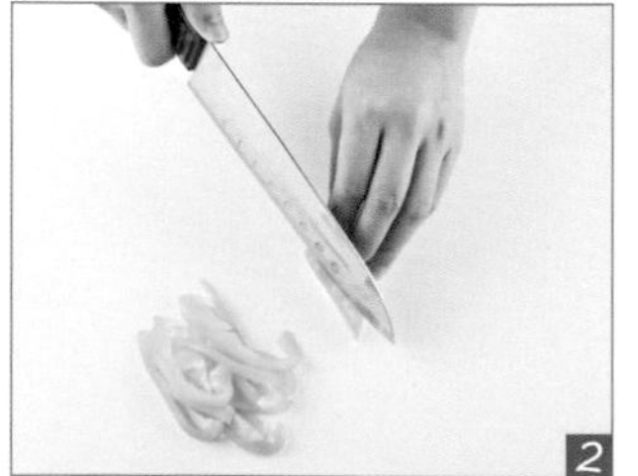
2

3

a 筊白筍可以自由變化為各種根莖蔬菜，如**小黃瓜**、**荸薺**、**胡蘿蔔**、**大頭菜**、**蘆筍**等，製造不同風味！

b 筊白筍改成**番茄**，調味料再加上1匙番茄醬，即成**茄汁麵腸**。

c 麵腸也可以變化為**大豆干**、**豆包片**或**素雞片**，就成了完全不同的一道菜。

番茄哈姆炒豆包

▶材料（3人份）

素火腿2厚片、嫩豆包1~2片、番茄1顆

鮮香菇3~5朵、豌豆$^1/_2$碗、玉米$^1/_2$碗

▶調味料

鹽1小匙、蔬果調味料1小匙

甘草粉少許、黑胡椒粉少許

▶做法

1 番茄洗淨切小塊，素火腿、豆包和香菇切丁〔圖7〕。

2 鍋中入油少許燒熱，下素火腿丁、豆包丁、香菇丁、玉米、豌豆和番茄小塊拌炒均勻〔圖2〕。

3 下鹽、蔬果調味料和甘草粉調味，並分次加少許水拌炒，至嫩豆包熟軟後，即可撒上黑胡椒粉，起鍋享用。

7

a 下番茄等蔬菜炒熟時再加1碗米飯一起下鍋炒，就成為**番茄炒飯**了。

b 把煮好的貝殼麵或螺旋麵跟番茄等蔬菜一起下鍋炒，並加1大匙番茄醬（或素食青醬、白醬），就變成簡易的**番茄（青醬、奶油）義大利麵**；想吃**焗烤**風味的人，可把以上做好的義大利麵放入焗烤盤中，鋪上披薩起司絲，放入烤箱烤至表面金黃（約5~10分鐘），即可享用。

c 豆包也可自由變化為**素豆泥**或捏碎擠乾的**板豆腐**，口感會更柔潤哦！

2

雪裡紅凍豆腐

▶材料（2~3人份）

雪裡紅2支、荸薺3粒、凍豆腐1塊（或4小塊）
薑末$^1/_2$小匙、辣椒2支

▶調味料

鹽$^1/_2$小匙、醬油膏1煎鏟、胡椒粉1小匙
香油少許

▶做法

1 雪裡紅和荸薺分別洗淨切丁〔圖1〕，辣椒切小圓片。

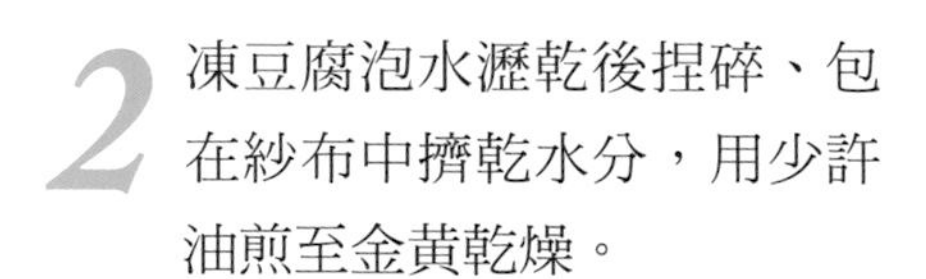

2 凍豆腐泡水瀝乾後捏碎、包在紗布中擠乾水分，用少許油煎至金黃乾燥。

3 炒鍋燒熱入油1湯匙，下薑末及辣椒爆香，再下凍豆腐快炒〔圖2〕。

4 下雪裡紅和荸薺後炒勻〔圖3〕，然後下鹽、醬油膏及水1 $^1/_2$小碗，待煮至收汁後灑上胡椒粉，淋上香油大炒數下以後熄火起鍋。

1

2

3

a 雪裡紅可變化為**芹菜**、**青江菜**、**筍絲**、**杏鮑菇絲**、**鮮香菇絲**、**菜脯**、**花生**、**毛豆**等豆類或其他根莖類食材，口味變化多樣。

b 雪裡紅變化為**香椿葉**、**九層塔**、**茴香葉**、**新鮮甜羅勒**或**新鮮迷迭香**，就能創造出另一種濃郁風味。

c 炒至收汁時，倒入1碗米飯炒拌均勻，撒上胡椒粉，就變成**凍豆腐炒飯**囉！

d 炒好的凍豆腐（或凍豆腐炒飯）包在大亨堡中，就變成**炒凍豆腐（炒飯）麵包**。

e 想簡單點可將凍豆腐換成**素豆泥**（素料店可買到），入鍋炒前先捏碎，洗淨、擠乾。

當鳳梨遇上苦瓜

▶材料（3人份）

中型苦瓜1條、鳳梨8圓片、豆豉1大匙

▶調味料

糖2大匙、番茄醬1大匙、醬油2大匙
薑片少許、辣椒片少許

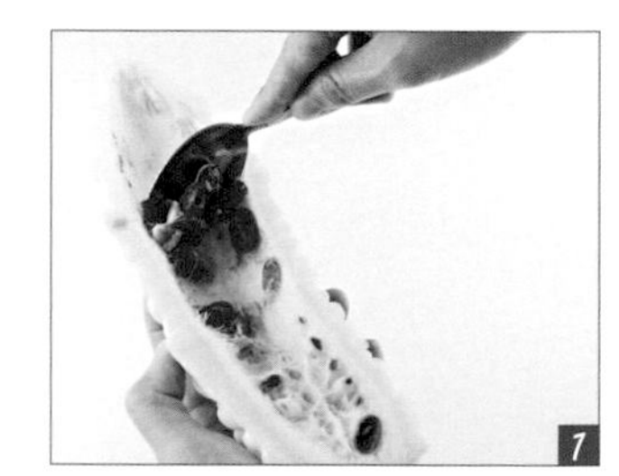

▶做法

1 苦瓜對剖，用湯匙將內部的籽和組織挖除〔圖1〕，縱剖後再切成1公分厚片。

2 鍋中入水煮沸後，下1大匙糖，再下苦瓜稍煮以去除苦味，待苦瓜呈半透明狀時撈出瀝乾〔圖2〕。

3 炒鍋中入油1中匙以小火燒熱，下薑片及辣椒片爆香，加入番茄醬、醬油和1大匙糖爆炒。

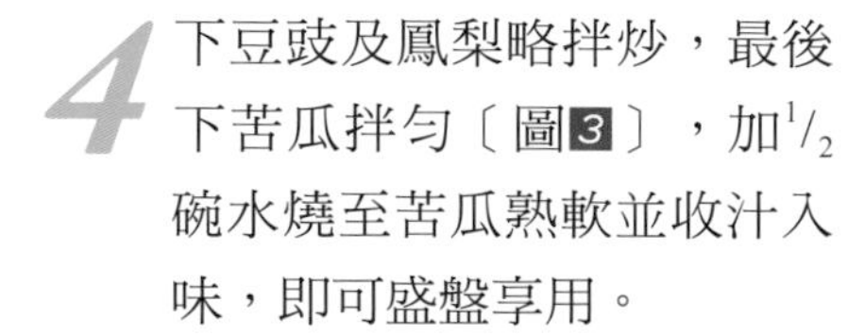

4 下豆豉及鳳梨略拌炒，最後下苦瓜拌勻〔圖3〕，加1/2碗水燒至苦瓜熟軟並收汁入味，即可盛盤享用。

變化ABC

a 豆豉可換成1大匙白醋，做成**糖醋苦瓜**。

b 苦瓜也可以自由變化為**大黃瓜**、**葫蘆瓜**等各種瓜類，可不用燙過直接下鍋炒，更省事方便。

c 苦瓜變化為**素雞塊**、**猴頭菇**或**豆腐天婦羅**等，就可以做成幾可亂真的**鳳梨G塊**等仿葷菜色。

九層樹子豆包

▶材料（4人份）

豆包10片、九層塔1大把
辣椒3長圓片、薑1塊（約拇指大）
蔭樹子（破布子）1大塊（約500克）

▶調味料

醬油1大匙、蔬果調味料1小匙
胡椒粉1/2小匙

▶做法

1 豆包切丁〔圖1〕，九層塔洗淨切粗末，蔭樹子塊放入大碗中捏碎〔圖2〕，薑塊用菜刀拍扁。

2 鍋中入油1大匙，開中火下薑塊爆香，續下豆包略炒去豆味。

3 加入所有調味料炒勻，再下蔭樹子大炒均勻〔圖3〕，加1碗水燒至收汁，最後下九層塔末拌勻，略燒至入味後即可關火起鍋，擺上辣椒片做裝飾就大功告成。

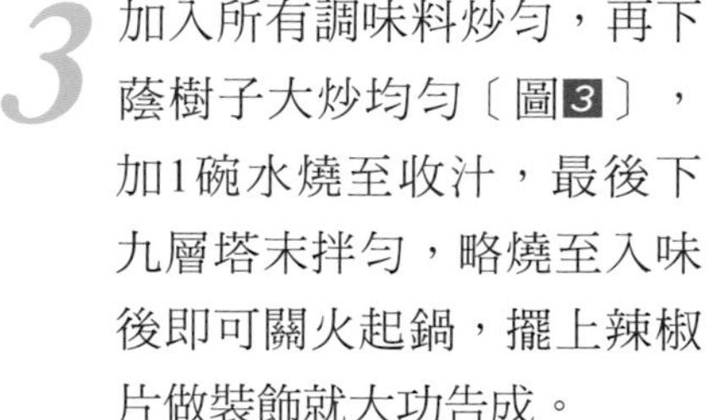

1

2

3

a 豆包可以變化為**豆腐渣**或**素豆泥**，九層塔也可以自由變化為**香菜**、**羅勒**或其他**香草**。

b 將炒好的樹子豆包填入容器或模子中壓緊，放入冰箱待涼，要吃時取出倒扣在盤子上，再加一點盤飾就是一道超簡單的**功夫菜**，美味又下飯。

乾煸敏豆

▶材料（3人份）

敏豆1大把、碎豆酥$^{1}/_{2}$碗、薑末1小撮
辣椒末1支、碧玉筍末2支

▶調味料

醬油1小匙、蔬果調味料$^{1}/_{2}$小匙
白胡椒少許

▶做法

1 敏豆洗淨瀝乾，剝除頭尾及邊邊粗絲，對切成約5公分長段〔圖1〕。

2 鍋中入1匙油燒熱，倒入敏豆以小火煎至豆子微焦皺縮並呈半透明狀，即可起鍋備用〔圖2〕。

3 直接以鍋子裡所剩的油爆香薑末、辣椒末及碧玉筍末，再下豆酥炒香〔圖3〕。

4 倒入剛煎好的敏豆拌炒，最後淋上醬油，撒上蔬果調味料和白胡椒拌炒均勻，即可盛盤享用。

1

2

3

a 敏豆可以自由變換為任一種豆莢類，如**四季豆**、**長豆**等。

b 將四季豆變化為1顆馬鈴薯絲和$^{1}/_{2}$支胡蘿蔔絲，就成為**乾煸雙絲**，超級下飯的哦！

c 喜歡豐富口感的人，可以再加入**素肉末**或**素培根絲**、**素火腿絲**，增添風味和層次感。

奶油燉白菜

吃法×7

▶材料（3~4人份）

❶薑3~4片、毛豆仁1湯匙、大白菜7葉
洋菇3~4朵、鮮香菇2朵朵

❷麵粉2匙、奶油1匙

▶調味料

鹽1小匙、蔬果調味料1小匙
黑胡椒粉1小匙

1

2

3

4

▶做法

1 洋菇、香菇洗淨切片，大白菜洗淨切大片〔圖1〕，毛豆仁洗淨備用。

2 鍋中入水五分滿，加入少許鹽，水滾後再下材料❶燙熟〔圖2〕。

3 炒鍋中放入奶油，以小火燒融後下麵粉炒香並與奶油充分混合成粗粒狀〔圖3〕。

4 倒入做法2〔圖4〕，續以中火煮至融合滑潤並濃稠，再下調味料拌勻即可起鍋。

變化ABC

a 可多加一些五色什蔬，如胡蘿蔔、茄子、四季豆或玉米等，即成色香味俱全的**奶油燉什蔬**。

b 可加入主食，如米飯或各種形狀的義大利麵（事先煮熟）一起燉煮，即成**什蔬燉飯（麵）**。

c 炒麵粉時加入1匙的咖哩粉，即成**咖哩口味**的燉菜；或添加各式**歐式香草**如**羅勒、迷迭香、月桂葉**等增添異國風味。

香燜樹子苦瓜

▶材料（2~3人份）

苦瓜中型1條、蔭樹子（破布子）1大匙
薑5~6片、辣椒片1支

▶調味料

香菇醬油3大匙、糖1大匙
蔬果調味料1中匙

▶做法

1 苦瓜洗淨對剖，不去籽直接切成4大段〔圖1〕，共會有8大段。

2 炒鍋中入油1中匙以小火燒熱，下薑片及辣椒片爆香，再下苦瓜以小火煎至略呈金黃色〔圖2〕。

3 下香菇醬油、糖、蔬果調味料及蔭樹子，稍稍拌勻後加1碗水以中火煮滾，蓋上鍋蓋燜至苦瓜熟軟並收汁入味，即成一道下飯好菜。

1

2

a 苦瓜可以變化為**紅、白蘿蔔**、**馬鈴薯**、**山藥**或**蓮藕**等，都會非常入味哦！
b 也可以把苦瓜變換為**豆包**、**油豆腐**等素食材料，就成為另一道美食囉！
c 蔭樹子可以變化為**醬瓜**、**柳橙片**1顆或**迷迭香**1把，以呈現不同風味。

什錦五目煮

▶材料（5~6人份）

❶蓮藕（約拳頭大）2節、牛蒡1根、蒟蒻（約$^{1}/_{2}$塊豆腐大小）1塊
乾香菇8朵、海帶結1大把、胡蘿蔔1小支、油豆腐6~8塊、香菜1把
❷白蘿蔔泥$^{1}/_{2}$碗

▶調味料

糖1小匙、味醂1小匙、黑醋1小匙
香菇醬油1碗、蔬果調味料1大匙
米酒1小匙（可不加）

▶做法

1 牛蒡去皮切斜片，蓮藕去皮切片，兩者都泡入白醋水（醋：水＝1：1）中備用。

2 香菇洗淨泡軟；胡蘿蔔去皮切小滾刀塊；蒟蒻洗淨，中間用刀子劃開，兩端不劃斷，再翻成辮子狀〔圖1、2、3〕；香菜洗淨不切；維持整把下鍋。

3 材料❶放入大鍋中，加水淹過料，下所有調味料拌勻，可邊放邊嚐，調成個人喜好的鹹淡。

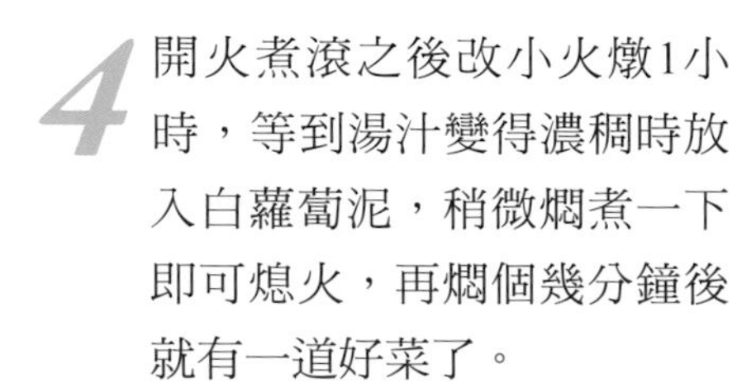

4 開火煮滾之後改小火燉1小時，等到湯汁變得濃稠時放入白蘿蔔泥，稍微燜煮一下即可熄火，再燜個幾分鐘後就有一道好菜了。

1

2

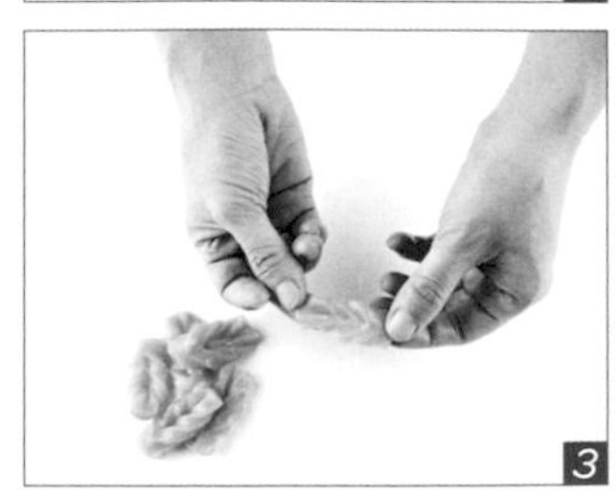
3

變化ABC

a 可以自己再放其他材料，自由變化。這道菜可吃好幾天，不過煮愈多次會愈鹹，不妨在煮滾後稍加**勾芡**，淋在飯上或配地瓜稀飯，都非常開胃！

b 白蘿蔔泥也可以改為白蘿蔔塊，和所有食材同時下鍋燉煮，再加上一些素丸或素天婦羅，就會很像**關東煮**。

好吃123

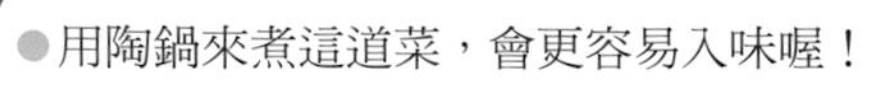

- 用陶鍋來煮這道菜，會更容易入味喔！
- 這道菜除了油豆腐外並無其他油脂（要更低脂可不放油豆腐），而且纖維質很豐富，能讓人有飽足感，清爽、營養美味又瘦身！

橙汁麵腸

吃法×7

▶材料（3~4人份）

素腸3條、地瓜粉1大匙、柳橙1顆

▶調味料

❶醬油膏1大匙、味淋1小匙、香油少許黑胡椒粉1小匙

❷柳橙汁1顆、白醋1小匙、檸檬汁$^1/_3$顆白芝麻少許

▶做法

1 柳橙洗淨去皮切大丁。

2 素腸洗淨擦乾水分切薄片，在碗中和地瓜粉、調味料❶拌勻，靜置醃5分鐘入味〔圖1〕。

3 不沾鍋中入2大匙油燒熱，下素腸以中小火煎至兩面皆呈金黃色〔圖2〕。

4 下柳橙汁小火燒滾拌炒，再放檸檬汁、鹽拌炒至收汁，最後下柳橙果肉稍微拌炒。

5 起鍋前淋上白醋翻炒數下後熄火盛盤，撒上白芝麻即可享用。

1

2

a 調味料❶中可加1大匙**紅麴醬**，增添風味又健康。

b 麵腸可變換為**素羊肉**或**素鹽酥雞**。

c 不喜歡素料的人可以用**杏鮑菇**代替麵腸，更加天然！

d 柳橙汁可以用**柚子**、**葡萄柚**、**桔醬**等不同的柑橘類來變化！

● 煎麵腸時要一片一片放，盡量不要重疊在一起，才不至於黏成一團或有些地方沒有煎到。

香橙滷味

▶材料（3~4人份）

基本滷汁：白胡椒1小匙、黑醋1小匙、柳橙片1顆
香菇醬油1碗、蔬果調味料1大匙
素蠔油1大匙、薑片少許、辣椒片少許

滷料部份：鮮香菇5朵、青花菜1顆、素雞3根、豆干6塊
豆腐天婦羅4片、白蘿蔔$^{1}/_{2}$根
胡蘿蔔1小支、百頁豆腐1塊

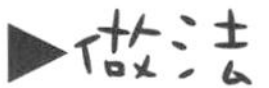

▶做法

1 蔬菜洗淨去皮切大塊，素料類洗淨切大片（滷料可自己變化選擇〔圖1、2〕）。

2 除了柳橙之外的基本滷汁材料混勻，加2碗水稍稀釋，可邊調邊試調整成自己喜歡的鹹淡。

3 將選定的滷料與柳橙片交錯排入鍋中〔圖3〕，倒入混好的滷汁至蓋過滷料。

4 以中火將滷汁煮滾後，燒20~30分鐘至滷汁呈濃稠狀、滷料上色並入味，即可盛盤享用。

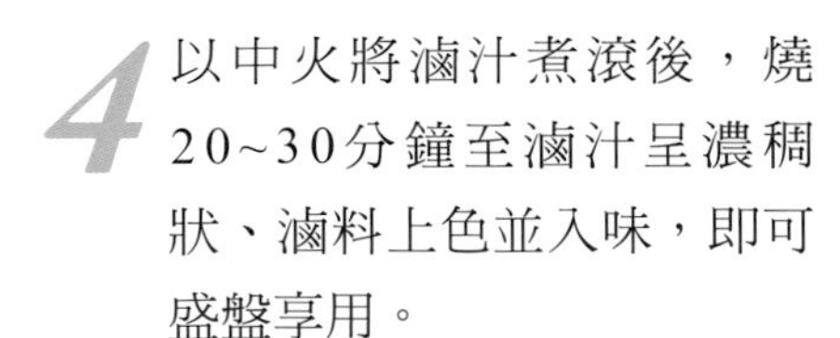

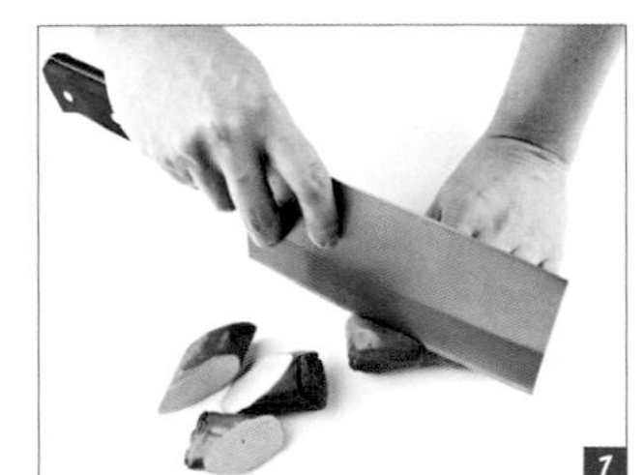

1

2

3

a 柳橙片換成五香滷包，即成**傳統中式滷味**。

b 柳橙片換成1大匙素沙茶，即成**沙茶滷味**，若再加1把**迷迭香**（或**薰衣草**、**百里香**、**羅勒**、**薄荷**等任一種香草），就會很有歐式香草風。

c 柳橙片換成1大匙桔醬、柚醬、梅子醬等任一種柑橘類水果或果醬，即成**清爽果香滷味**。

d 柳橙片換成1大匙味噌，即成**味噌滷味**。

e 柳橙片換成2小塊咖哩，即成**咖哩滷味**。

f 柳橙片換成1大匙泰式東炎醬、1片乾南薑片、1小撮香茅乾、$^{1}/_{2}$顆檸檬汁，即成**泰式酸辣滷味**。

- 若不喜歡青菜太爛，青花菜（或其他葉菜）起鍋前2分鐘再下鍋即可。
- 滷汁一定要蓋過滷料，若鍋子很大可能需要2~3倍份量的滷汁。

火辣豆腐煲

▶材料（3人份）

百頁豆腐1塊、番茄1顆
鮮香菇2朵、鴻禧菇1把
玉米筍6支、金針菇1小把
蒟蒻絲卷1小盒、青花菜1顆
大白菜$^1/_2$顆

▶調味料

香椿醬1大匙、辣豆瓣醬3大匙
醬油膏1大匙、朝天辣椒醬2小匙
檸檬汁$^1/_2$顆、糖1小匙、香油少許

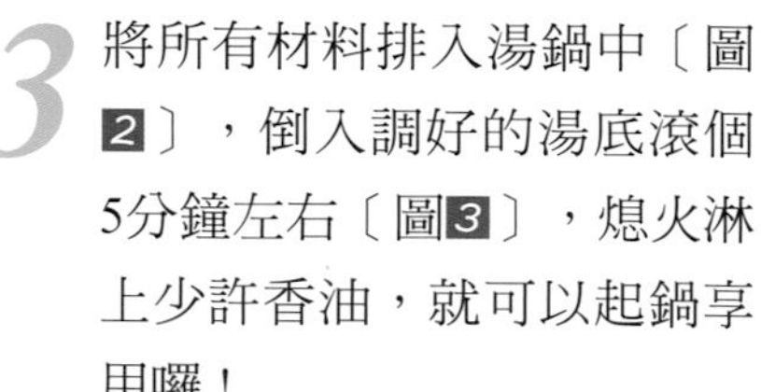

▶做法

1 百頁豆腐切片，所有蔬菜洗淨切塊〔圖1〕。

2 將所有調味料加4碗水調和均勻（可視材料多寡調整湯底的份量）。

3 將所有材料排入湯鍋中〔圖2〕，倒入調好的湯底滾個5分鐘左右〔圖3〕，熄火淋上少許香油，就可以起鍋享用囉！

1

2

3

變化ABC

a 可以做為**湯品**，也可以加入1小把**冬粉**，變成一道吃飽又吃巧的主食。

b 煮好的煲可以直接當作**麻辣火鍋**的鍋底，搭配火鍋料享用，若怕湯汁不夠則酌量再加水。

c 先用少許油爆香1~2支乾辣椒（切段）、1大匙花椒、1大匙辣椒粉和3~4片老薑片，再和其他調味料一起煮滾，會**辣得更夠勁**，平常不吃辣的人請勿輕易嚐試！

d 百頁豆腐也可以變化為**凍豆腐**或**油豆腐**，前者非常會吸湯汁，後者則很有口感；當然也可以直接用豆腐哦！

自由味噌湯

▶材料（4~5人份）

❶黑色食材：香菇、紫菜絲、海帶、黑木耳、黑芝麻……
❷白色食材：高麗菜、白蘿蔔、馬鈴薯、山藥……
❸綠色食材：綠色葉菜、綠色豆莢、綠花菜、秋葵、青椒、綠色瓜類如絲瓜、黃瓜等……
❹紅色食材：番茄、枸杞、紅椒、紅棗、紅莧菜……
❺黃色食材：玉米、南瓜、黃椒、蓮子、埃及豆……
❻豆腐1塊

▶調味料

味噌1大匙、蔬果調味料1大匙

▶做法

1 五色食材各選一種，取適量洗淨統一切絲或切丁，不可有的切絲有的切丁〔圖1、2、3〕。

2 豆腐配合五色食材切絲或切丁，味噌以少量熱水軟化成濃湯，下蔬果調味料混匀。

3 取一湯鍋裝水七分滿煮沸，依易熟軟程度順序放食材。例如胡蘿蔔和白蘿蔔等根莖類最先放入，待不易熟軟的食材煮至稍軟，再放不怕爛的食材如香菇玉米等稍煮，最後才放易爛的葉菜類。

4 放入豆腐煮至滾，將軟化的味噌和匀倒入，攪匀後立刻關火起鍋即可享用！

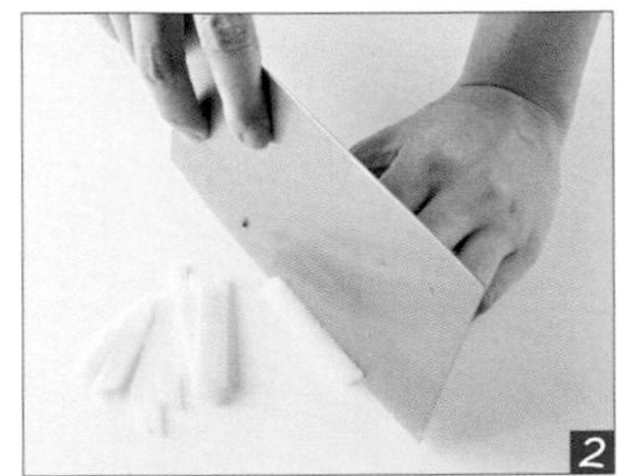
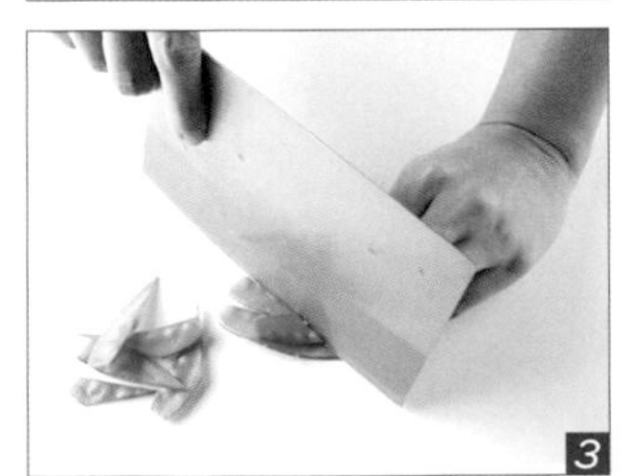

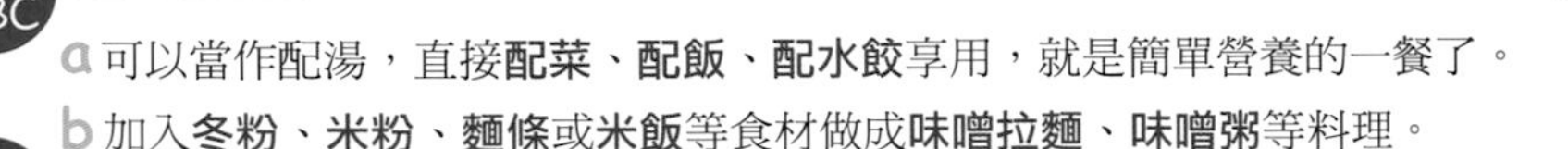

變化ABC

a 可以當作配湯，直接**配菜**、**配飯**、**配水餃**享用，就是簡單營養的一餐了。
b 加入**冬粉**、**米粉**、**麵條**或**米飯**等食材做成**味噌拉麵**、**味噌粥**等料理。

好吃123

● 五色食材的選擇不要太單一，比如說你在紅色裡選了胡蘿蔔，其他部分就不要再選根莖類。要確定你所選的食材囊括有根莖類、海菜類、果實類、菇類、綠色葉菜和豆莢類，這樣一天裡該吃的就差不多全吃到了，營養又簡單。

點心！點心！

大家都喜歡點心！

可不可以不要

打發奶油費力揉麵調整溫度，

輕鬆享受

好看又好吃的點心？

學會這幾招你也可以偽裝成點心大師！

點心

多多活用天然蔬果食材。

小量數份多分享，博感情、吃美味、顧健康。

糖少一些、油脂低一點、鹽份降一些。

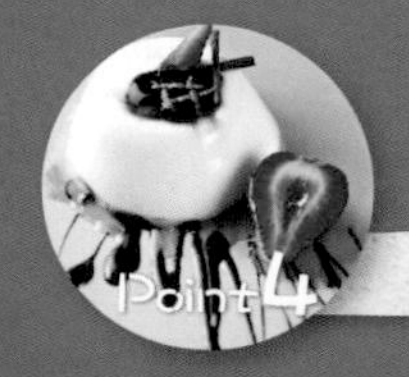

每天限量1次，敬請開心享用。

慢慢吃、飯後吃，累時、餓時不要吃，嚴防熱量爆表。

印度香料奶粥

▶材料（4人份）

白米1/2米杯、鮮奶3米杯、水1米杯、肉豆蔻4~5顆、有機冰糖1/2米杯

▶調味料

肉桂粉1小撮

▶做法

1 將白米淘洗乾淨〔圖1〕。

2 將所有材料倒入深鍋中〔圖2〕，以小火慢慢煮，邊煮邊攪拌。

3 煮成濃稠奶粥狀後挑出肉豆蔻〔圖3〕，把奶粥盛入碗中，撒上肉桂粉攪勻，即可趁熱享用。亦可在小碗中放2片小蘋果，1~2顆肉荳蔻以及1根肉桂棒做裝飾。

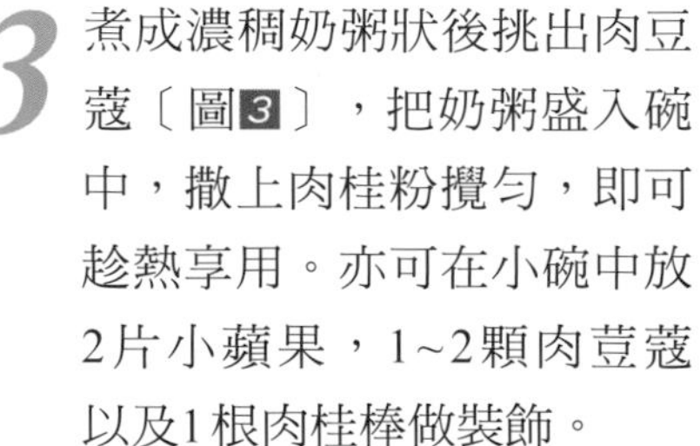

1

3

變化ABC

a 不喝牛奶的人可以改成**豆漿**。

b 牛奶量減至2米杯不加水，煮成半固體的濃粥，即可壓入模具中扣出，做成**米布丁**。

c 把米改成西谷米，把香料改為1罐椰漿，即成為南洋風味的**西米露**。

地瓜盒子

▶材料（2人份）

碎辮子起司1大匙、厚片吐司2片
紅地瓜2~3條、鮮奶50cc
啤酒酵母1大匙

▶調味料

果糖1大匙

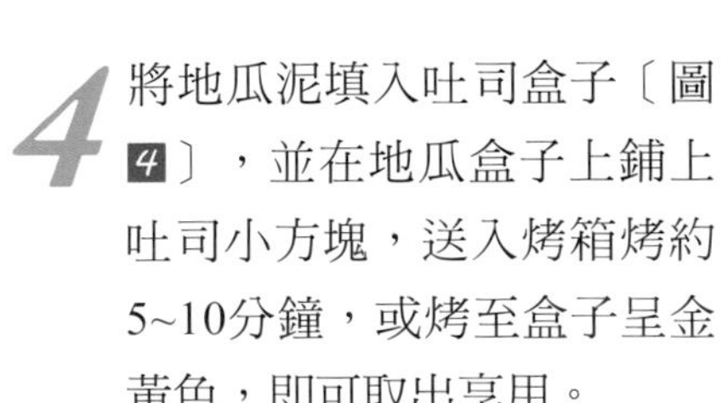
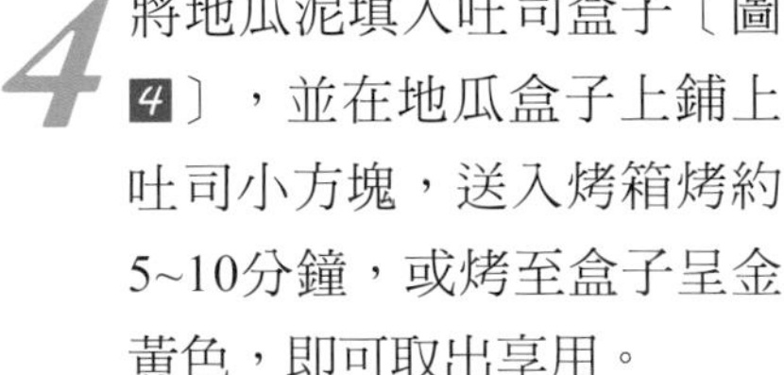

▶做法

1 地瓜洗淨去皮後切厚片〔圖1〕，再放入電鍋蒸軟，然後壓成泥放涼。

2 將啤酒酵母、辮子起司碎粒、果糖和鮮奶放入地瓜泥中混合均勻〔圖2〕。

3 沿著吐司邊把厚片吐司中央部份挖起來〔圖3〕，讓吐司變成一只方盒子，挖起的吐司中央部份則切成小方塊備用。

4 將地瓜泥填入吐司盒子〔圖4〕，並在地瓜盒子上鋪上吐司小方塊，送入烤箱烤約5~10分鐘，或烤至盒子呈金黃色，即可取出享用。

1

2

3

4

a 地瓜可以變化為**南瓜**或**馬鈴薯**等根莖類蔬菜。

b 辮子起司也可以變化為**葡萄乾**、**蔓越莓乾**、**藍莓乾**或**枸杞**等，不但更為簡單，營養也更加倍。

c 不怕油的人可以把厚片吐司變化為起酥片，只要將市售起酥皮切半，把地瓜泥放在中央，將起酥皮對折後用叉子將邊緣壓緊密合，送入烤箱烤至起酥片膨起來並呈金黃，就成為酥酥脆脆的**起酥地瓜**了。

起司麵包派

▶材料（8小份）

吐司2片、番茄1/2顆、蘑菇3~5朵
香菇1朵、玉米粒1/2小碗、披薩起司1把

▶調味料

鹽少許、黑胡椒粉少許、蔬果調味料少許

▶做法

1 番茄、蘑菇、香菇洗淨切片〔圖1〕，吐司去邊以十字刀法切成四等份。

1

2 將番茄、蘑菇、香菇和玉米粒分別鋪在吐司上，撒上所有的調味料後，再鋪上少許披薩起司〔圖2〕。

2

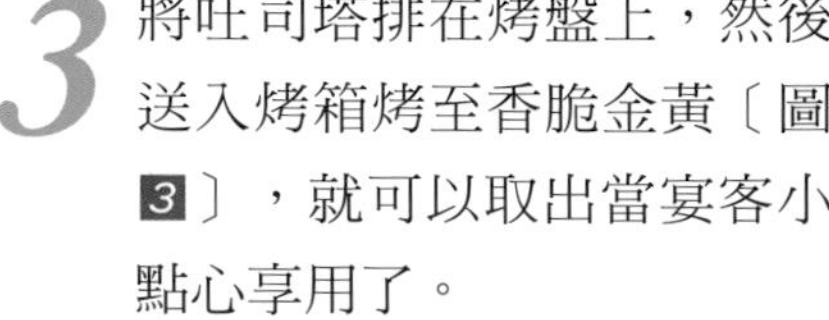

3 將吐司塔排在烤盤上，然後送入烤箱烤至香脆金黃〔圖3〕，就可以取出當宴客小點心享用了。

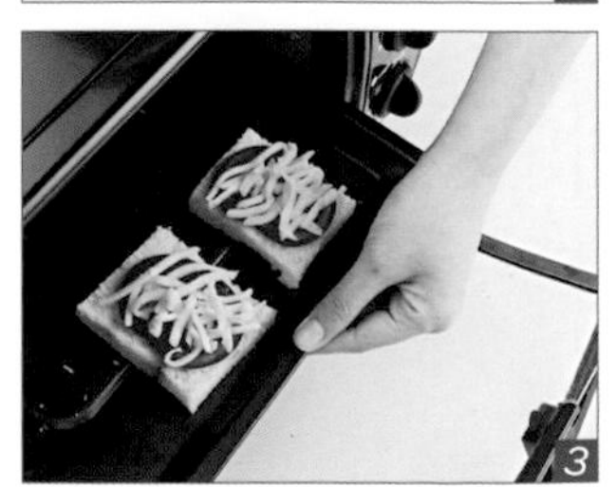
3

變化ABC

a 吐司切條狀壓扁，不放蔬菜直接進烤箱烤至金黃酥脆，再沾**莎莎醬**（做法見P.103）、**香椿醬**、**黑胡椒醬**或**沙茶醬**即可簡單享用。

b 吐司抹上奶油不放蔬菜，撒一層肉桂粉和冰糖粉，送入烤箱烤至金黃香脆，就是甜蜜的**肉桂冰糖起司派**！

c 整片吐司上先抹一層番茄醬和披薩起司，隨意鋪上四種蔬菜，若再加上素培根片、甜豆莢或黑橄欖，最後撒上調味料和披薩起司，送入烤箱烤至表面金黃，就變成**吐司披薩**囉！

烤薯片佐莎莎醬

▶材料（4人份）

❶大紅番茄碎丁2顆、紅甜椒碎丁1顆、小黃瓜碎丁1支
玉米粒$^{1}/_{2}$碗、鳳梨小丁$^{1}/_{2}$碗、香菜切碎$^{1}/_{2}$把
橄欖油少許、香菇丁1~2朵、檸檬汁$^{1}/_{2}$顆
❷大顆馬鈴薯1顆、鹽1小撮、黑胡椒1小匙

▶調味料

黑胡椒1小匙、蔬果調味料1小匙
番茄醬1大匙

▶做法

1 檸檬汁除外的所有材料❶及調味料放入深鍋拌勻，以小火煮滾後熄火，淋上檸檬汁拌勻後放涼〔圖1、2〕。

2 馬鈴薯洗淨去皮切薄片，沖冷水洗去澱粉質後放入漏勺中瀝乾。

3 烤盤上鋪一層烘焙紙，上頭再鋪一層鋁箔紙，鋁箔紙塗上薄薄一層油後鋪上馬鈴薯薄片。

4 在薯片上平均撒上一層鹽和黑胡椒，送入烤箱烤約10分鐘，至薯片呈金黃香脆即可取出〔圖3〕。

5 將烤好的薯片沾煮好的莎莎醬享用，健康又美味唷！

1

2

3

變化ABC

a 愛吃辣的人可以加1支剁碎的**青辣椒**，有吃**洋蔥**的人可以加$^{1}/_{2}$顆洋蔥碎丁，風味更道地。

b 習慣吃生菜的人可以先把香菇用小火煎香，再和其他所有材料❶及調味料放入大碗中拌勻，即成口感**更清爽**的莎莎醬了。

c 可以一次多做一些莎莎醬裝罐放在冰箱，隨時取出來配菜或配飯；懶得烤馬鈴薯的人也可以直接買市售的**玉米片**來搭配。

d 老豆腐1塊捏碎擠乾後，用少許油小火煎至金黃，倒入3大匙莎莎醬拌勻，就可以起鍋包在**墨西哥玉米脆餅**（Taco）中享用。買不到Taco的人可以用**美生菜、蘿蔓萵苣、口袋麵包、烤吐司**等代替，另有一番風味。

香烤蘋果塔

▶材料（6個）

❶ 現成蛋塔皮6個、蘋果4~5顆、奶油150克、起酥片$^1/_2$片

❷ 水1大匙加玉米粉$^1/_2$小匙混勻

▶調味料

肉桂粉1小匙、糖150克

▶做法

1 蘋果洗淨去皮之後切成大塊〔圖1〕。

2 奶油放入平底鍋中，以小火熱至融化，下蘋果塊炒至呈濃稠狀〔圖2〕。

3 下糖、肉桂粉及玉米粉水炒勻，略燒至蘋果熟軟後熄火，然後將炒好的蘋果餡填入蛋塔皮〔圖3〕。

4 將起酥片切細長條，交錯鋪在蘋果塔上，送入烤箱烤至表面及塔皮金黃，即可取出趁熱享用。

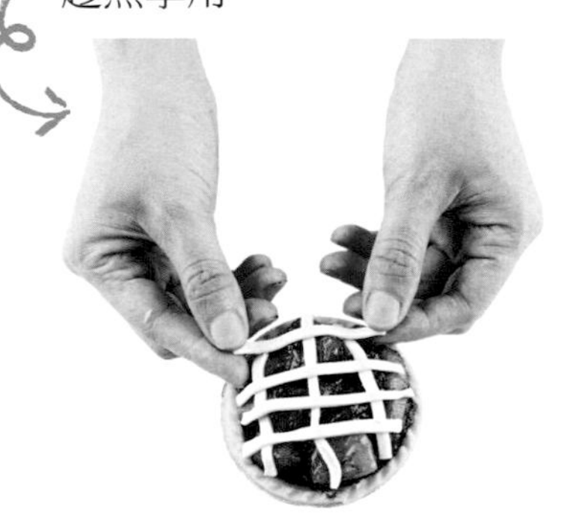

1

2

3

a 不用塔皮，直接將蘋果餡鋪在起酥皮上捲起，即成**丹麥蘋果派**。

b 也可以直接買大的派皮，做成一個**蘋果派**，再切片享用。

c 蘋果可以依個人喜好或季節自由變化為**草莓**、**西洋梨**、**香蕉**等，只要把肉桂粉改為香草精就可以了。

濃情蜜意水果塔

▶材料（6~7個）

❶糖粉60克、杏仁粉40克、玉米粉20克
蛋2顆、低筋麵粉20克
❷牛奶 320cc、奶油10克
❸現成塔皮6~7個、奇異果1顆、藍莓2大匙
罐頭水蜜桃2片、紅櫻桃2大匙

▶做法

1 將材料❶放入調理盆中混合均勻。

2 牛奶倒入小鍋中煮至90℃（邊緣開始有小泡泡但尚未滾），慢慢分次倒入做法*1*的材料中，邊倒邊攪拌，直到牛奶與粉類完全混勻。

3 將混好的做法*2*材料以小火慢慢加熱，邊煮邊攪拌（若奶糊凝結太快，就稍稍離火攪拌，或隔水加熱攪拌），直到呈現半凝結的濃糊狀〔圖1〕，熄火加入奶油續攪拌至奶油融化、奶醬冷卻並呈柔滑的奶油狀，即成杏仁風味卡士達醬（Custard）。

4 現成塔皮放入烤箱烤至呈金黃香酥，將杏仁卡士達醬填入烤好的塔皮中，讓醬稍稍凸出成丘狀〔圖2〕。

5 奇異果洗淨去皮切薄片，罐頭水蜜桃切薄片，把四種水果分別密密鋪在卡士達醬上，就有四種顏色風味不同的甜蜜水果塔了〔圖3〕。

1

2

3

變化ABC

a 可以把四種水果都取幾片鋪在同一份塔上，就成為**綜合水果塔**。
b 如果懶得煮卡士達醬，也可以到烘焙店買**卡士達粉**，再依包裝盒上的指示加入適量的牛奶拌勻即可。
c 喜歡鮮奶油的人可以直接用**打發的鮮奶油**代替卡士達醬。
d 水果可以隨個人喜好變化，如**鳳梨**、**西瓜**、**梨子**、**葡萄柚**或**罐頭藍莓**、**小紅莓**等。

吐司巧扮瑞士捲

▶材料（4捲）

❶吐司4片

❷草莓果醬適量、花生醬適量、素鬆適量
巧克力醬適量

▶調味料

美乃滋少許、奶油少許、巧克力米適量

▶做法

1 4片吐司去邊〔圖1〕，第1片的一面抹上花生醬，抓緊捲起來後淋一些巧克力醬。

2 第2片則抹草莓果醬捲起，同樣淋上一些巧克力醬〔圖2、3〕。

3 第3片抹巧克力醬捲起，表面抹些奶油，再沾一些巧克力米。

4 第4片先抹美乃滋後鋪上素鬆，小心抓緊捲起來，表面再抹一些美乃滋，滾上一層素鬆。

5 4種口味的小瑞士捲排在盤中，直接拿起享用或對切、切小片叉著吃，都是道可愛又美味的點心。

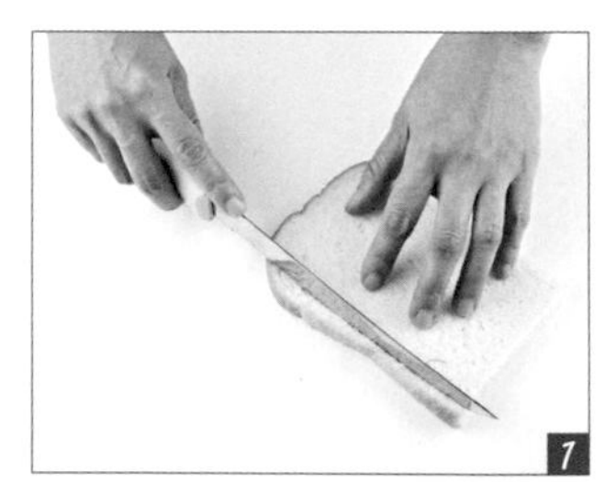

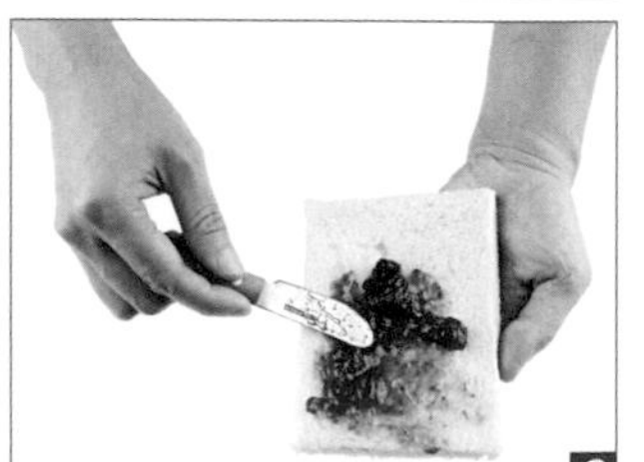

3

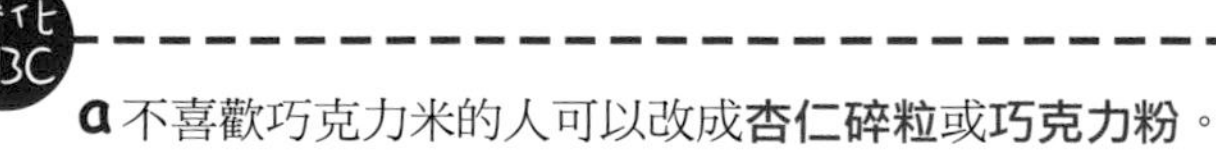

a 不喜歡巧克力米的人可以改成**杏仁碎粒**或**巧克力粉**。

b 抹醬可自由變化，如**各種果醬、堅果醬、芝麻醬、咖啡醬、奶酥醬、植物鮮奶油**或**海苔醬**等。

c 抹醬改為**素熱狗、素火腿、素培根**等，就是高檔美味的下午茶點心。

b 把抹醬改為胡蘿蔔條、西洋芹條及玉米筍條等蔬菜，用吐司捲起後，外面再包一片素培根，用牙籤固定後送入烤箱烤至培根金黃香脆，就成了**豪華瑞士捲**。

義式草莓鮮奶酪

▶材料（4人份）

鮮奶200cc、水200cc、草莓2~3顆
海藻精（膠凍粉）1大匙

▶調味料

楓糖1大匙、冰糖1大匙

▶做法

1 鮮奶加冰糖混勻，以小火加熱至略溫（約30℃）。

2 將水入鍋中煮滾，加入海藻精混合均勻〔圖1〕。

3 把做法*1*倒入做法*2*中攪拌均勻〔圖2〕，再倒入模型中放進冰箱冷卻。

4 等鮮奶酪成型後扣出放在盤子上，然後把草莓切片排在表面，淋上楓糖即可享用。

1

2

a 把鮮奶換成豆漿，即可製成**布丁豆花**。
b 把鮮奶換成杏仁茶，就變成**杏仁豆腐**了。
c 可以將做好的奶凍切小塊，放入**咖啡**或**紅**、**綠茶**中，做成花式茶飲。
d 只要是非酸性的飲品，如**茶**、**咖啡**等，都可以用同樣的方法做成凍，只要注意海藻精溶液和飲品的比例是1大匙比400cc即可。

豔紅石榴果凍

▶材料（4人份）

紅石榴汁200cc、海藻精（膠凍粉）1大匙
水100cc、奶精球1~2顆

▶做法

1 紅石榴汁以小火加熱至略溫（約30℃）。

2 先將100cc的水倒入鍋中煮滾，然後加入海藻精混合均勻〔圖1〕。

3 把做法*1*倒入做法*2*中攪拌均勻〔圖2〕，然後倒入模型中放入冰箱冷卻，待成型後扣出，就是美麗如紅寶石般的石榴果凍。

4 把奶精淋在石榴果凍上，即可趁鮮享用！想美美吃，可以切些水果片作裝飾。

1

2

變化ABC

a 紅石榴汁可以自由變化為任一種**果汁**或**果醋**，做出各種顏色和口味的果凍，只要記得海藻精和液體的比例為1大匙比300cc即可。

b 可以將做好的果凍切小塊，放入各種果汁中做成**花式果汁凍飲**。

清涼豆腐冰

▶材料（2人份）

嫩豆腐$^{1}/_{2}$塊、奇異果$^{1}/_{2}$顆、蘋果$^{1}/_{3}$顆
小番茄4~5顆、脆甜柿$^{1}/_{2}$顆

▶糖水

水1米杯（約200cc）、冰糖5大匙

▶做法

1 將水和冰糖一起放入小鍋中，以小火煮至冰糖溶化成為糖水。

2 嫩豆腐切0.5公分小丁，放在透明碗裡。

3 奇異果、蘋果、小番茄和脆甜柿洗淨切小丁，平均鋪在豆腐上〔圖1〕。

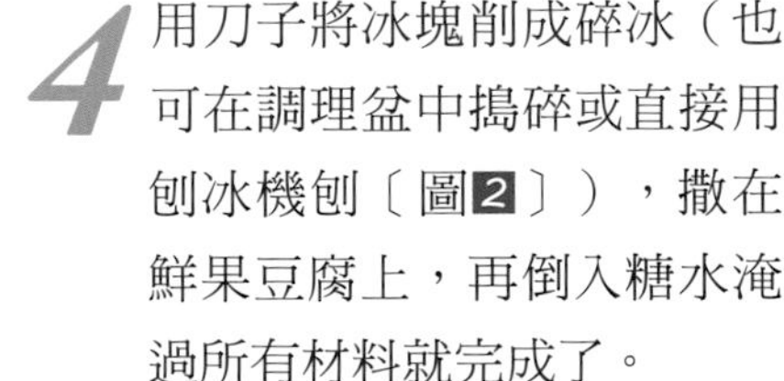

4 用刀子將冰塊削成碎冰（也可在調理盆中搗碎或直接用刨冰機刨〔圖2〕），撒在鮮果豆腐上，再倒入糖水淹過所有材料就完成了。

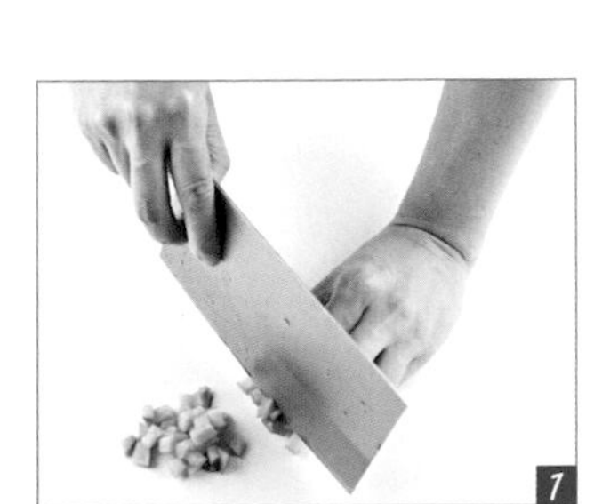
1

2

變化ABC

a 可用**杏仁豆腐**代替豆腐，有吃乳製品者則不妨試試用**鮮奶酪**代替豆腐（鮮奶酪做法見P.111）。

b 糖水原料可改為100克冰糖加100克黑糖，或全用黑糖來熬煮，做成**古早味豆腐冰**，也吃得更健康。

c 糖水可以用**甜豆漿或甜杏仁漿**來取代，風味更濃郁。

d 去掉豆腐，直接將鮮果丁置入透明杯中，切些薄荷葉末，擠$^{1}/_{2}$顆檸檬，堆上碎冰，再倒入檸檬白麥滋淹過所有材料，就是漂亮的**鮮果香檳杯**。

e 水果可隨自己喜好變化為當季**水果或果乾**，如芒果、鳳梨、西瓜、荔枝、柳橙、葡萄柚或葡萄乾、蔓越莓乾等，顏色多元即可。

懶人料理365變

2 食尚蘭姆

燉飯+煲湯+熱炒+滷味+焗烤+輕食+點心

作　　者　陳師蘭
食譜協力　喬劍秋
企　　劃　柿子文化編輯室
攝　　影　林許文二
美術設計　wener
美術編輯　劉桂宜
文　　編　白穗娟
主　　編　高煜婷
總 編 輯　林許文二

出　　版　柿子文化事業有限公司
地　　址　11677臺北市羅斯福路五段158號2樓
業務專線　（02）89314903#15
讀者專線　（02）89314903#9
傳　　真　（02）29319207
郵撥帳號　19822651柿子文化事業有限公司
投稿信箱　editor@persimmonbooks.com.tw
服務信箱　service@persimmonbooks.com.tw

初版一刷　2009年04月
二版一刷　2011年12月
二版五刷　2015年12月
定　　價　新臺幣299元
I S B N　978-986-6191-17-6

國家圖書館出版品預行編目資料

懶人料理365變（暢銷紀念版）／陳師蘭作.--二版.--臺北市：柿子文化，2011.12
面；　公分--　（食尚蘭姆；2）
ISBN 978-986-6191-17-6（平裝）
1.食譜
427.1　　100023711

蘭姆的任性美食 2

懶人料理365變

燉飯+煲湯+熱炒+滷味+焗烤+輕食+點心

一次ok!